标准化家装施工红宝书

An Authoritative Guide to Standardized Home Decoration and Improvement

主　编　陈　炜　丁福军

副主编　宋　丹

中国建筑工业出版社

图书在版编目（CIP）数据

标准化家装施工红宝书／陈炜，丁福军主编．— 北京：中国建筑工业出版社，2018.2（2024.7重印）
ISBN 978-7-112-21677-2

Ⅰ．①标… Ⅱ．①陈… ②丁… Ⅲ．①住宅－室内装修－基本知识 Ⅳ．① TU767

中国版本图书馆 CIP 数据核字（2017）第 318102 号

本书是爱空间联合数十位家装资深从业者，依据国家建筑装饰装修工程规范，结合 35200 多家客户的实际施工经验，在国内首家推出的家庭装修设计行业标准化施工操作手册。内容分为八章二十多个小节，每个章节均为爱空间在家庭装修设计与施工中总结出的研究性成果。从根本上解决家装施工中存在的常见质量问题。本书通过对诸多问题的分析、研究及施工经验提炼，结合使用新技术、新工艺、新材料、新工具，严从规范操作、施工细节入手，逐一解决家装施工顽疾，提供健康、生态、可持续的内在施工品质保证。书稿内容新颖，是家庭装修设计在实际施工操作中，较为创新的一次行业研究性尝试，对未来行业模式的发展与改革具有重要意义。本书适用于室内设计、室内装修领域的设计师、设计公司、施工管理人员以及家装大众读者阅读使用。

责任编辑：张　华
责任校对：焦　乐
版式设计：群诺设计

标准化家装施工红宝书
主编　陈　炜　丁福军
副主编　宋　丹
*
中国建筑工业出版社出版、发行（北京海淀三里河路9号）
各地新华书店、建筑书店经销
建工社（河北）印刷有限公司印刷
*
开本：880×1230毫米　1/16　印张：12¼　字数：337千字
2018年7月第一版　2024年7月第四次印刷
定价：98.00元
ISBN 978-7-112-21677-2
（31501）

编委会

主 编：陈 炜 丁福军

副主编：宋 丹

编 委：（按拼音首字母排序）

安 卫 蔡 锐 陈 蔚 陈 逊 丁之刚 高志刚

韩俊杨 季学武 居 辉 雷 庆 李国清 李建红

李 敬 李 倩 刘姗姗 刘子伟 孟晓东 申燕杰

孙成国 孙峰华 孙 强 腾 跃 王 浩 王 虎

吴成百 吴洪国 徐启华 许艺泷 闫 佳 杨 帆

尹君伊 章 为 朱常艳 赵 利

行业指导：中国建筑装饰协会住宅装饰装修委员会

编写单位：爱空间科技（北京）有限公司

序一

家装行业与中国快速城市化现状的错位

"致力于生产流程标准化，让工厂变得更灵活，并且不断推出领先的技术，以更高效的方式为全球消费者打造高品质的汽车。" 1913 年，亨利·福特发明了工业流水生产线，在其发明后的一百余年里，深刻地改变了众多产业的发展路径，甚至改变了社会的生态文明曲线。在今天，家装生态的改变，打造"标准化家装"依然可以借鉴福特的伟大发明。

标准的意义在于"效率"质变

家装的标准化是个漫长的过程，核心是提升效率，与传统装修本质的区别也是效率，包括获客效率、转化效率、交付效率、服务及问题处理效率等。

效率的提升来源于 7 大标准：终端（展示）标准化、设计标准化、供应链标准化、施工标准化、服务标准化、运营管理标准化及信息系统化七大块。

7 大标准化覆盖了装修的全流程，将客户与企业关系由对立索取转变为相互理解与支持，在终端感受产品，接受既定的功能属性，企业通过"流水线式"运营，快速地满足客户的需求并做好售后服务，一切体验的改变其核心就是"效率"的质变。

解放一代年轻人

爱空间是标准化家装的引领者，陈炜先生在家装的探索中颇有远见。我在此并不探讨标准化家装的定义域，因为它一定是个开放的选项，跟着时代和客户的需求变迁。但无论内涵如何变迁，其意义也一定是显而易见。

爱空间所说的"解放一代年轻人"绝不是一句空话。年轻群体已经成为新时代装修的主力军，35 岁以下装修群体占比达到 52.86%，40 岁以下更是占比高达 79%。首次装修是中国家庭的家居消费第一位原因，约58% 的消费者装修的原因是新房装修。（数据来源：《2017 中国家居家装消费调查报告》）

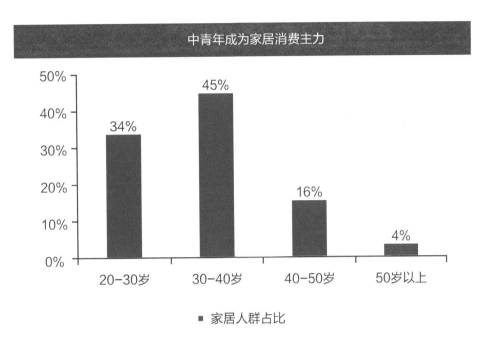

中青年成为家居消费主力

■ 家居人群占比

出生于 20 世纪 80~90 年代的人，正逐渐成为消费市场的主导力量，相比于"上一代"的消费理念，"新世代"的他们学历更高、消费观更加成熟、品牌意识更强，更关注环保与实用性，一体化服务需求高，注重家装公司/产品的品牌。

这群人主要分布在新兴行业中，如互联网、传媒、科技、咨询等。这些新世代的客户对装修了解甚少，乐于接受新鲜事物，希望能有一个靠谱可信赖的公司帮助解决装修的全部问题。所以，标准化家装的出现顺应了时代的需求，包设计、包施工、包主辅材的模式完美地解决了年轻客户的刚需。

解放一代年轻人，是标准化家装的重大社会意义，也是其被选择的原因之一。

其次，标准化的建立提升了资源的利用效率。施工流程与工艺要求的固定，减少了返工、拆改、个性化等带来的材料与人力的巨大浪费。节省客户的装修成本，也减少施工的成本。很大程度上减少了因装修带来的生活压力。

良好的装修体验、极致的产品设计、极高的性价比，解放一代年轻人的装修甚至是生活。

急速城市化与传统家装的错位

国家统计局的数据显示，2016 年末，我国城市数量已达到 657 个。我们正经历着人类社会有史以来速度最快，规模最大的城市化浪潮。大量的人口向城市聚集，带来了快速膨胀的住房需求，从而也带来了超量的装修需求。

我国常住人口城镇化率在稳步提高

（万人）● 城镇常住人口　　　　　　　　● 占总人口比重（%）

> 2011: 69079, 51.3 （首次超过50%）
> 2012: 71182, 52.6
> 2013: 73111, 53.73
> 2014: 74916, 54.77
> 2015: 77116, 56.1
> 2016: 79298, 57.35

这些超量的装修需求，对新时代的装修产业提出了全新的要求——快速、品质、规模化。传统的家装产业，工期长、增项多、服务粗放、售后薄弱都难以满足需求。装修体验长时间难以改变，甚至因此产生了"装修三光"的传说。

这些都是传统家装的表面症结，深层原因是效率的低下，以及组织管理体系的混乱。没有标准便难以形成规模化生产，无法匹配快速城市化催生的超量诉求。

标准化是时代所需

在爱空间标准化家装推出以来，庞大而陈旧的家装市场，为新的家装模式提供了肥沃的土壤，爱空间也顺利成为 10 亿级家装企业。但万亿级的家装市场却尚未产生一家百亿级企业，预计 2017 年的最高产值也不过是 30 亿级别。

以北京市为例，2016 年"北京市场每年大概有多少套房需要装修？"

大概估算每年有 50 万套出头，包括 30 万套的老房换装，10 万~15 万套的二手房，以及 8 万~10 万套新房。如果按照客单价 10 万计算，大概是 500 亿的市场。2017 年 4 月，亿欧智库整理发布了《中国家装产业 50 强榜单》，榜单中包含了成熟型企业及互联网新锐企业，对平台型企业，垂直型服务企业和各细分赛道优秀企业进行多维筛选排名，单说 2016 年销售业绩，家装 TOP50 销售总额为 471.4 亿。

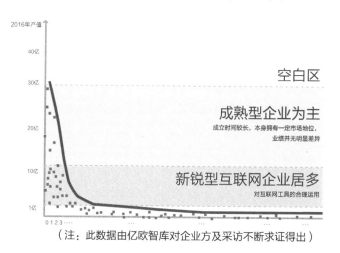

（注：此数据由亿欧智库对企业方及采访不断求证得出）

通过数据很明显地感受到，全国 50 强年产能不过 500 亿，都不足以消化北京一个城市的市场存量。整个市场依然被游击队、小作坊瓜分。

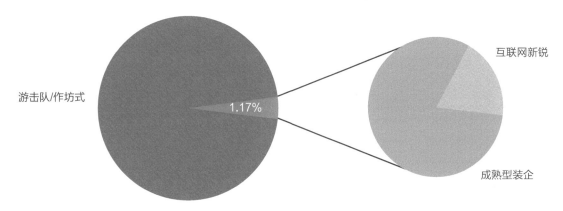

（注：此数据由亿欧智库对企业方及采访不断求证得出）

规模化是时代诉求，更是行业的未来，只有标准化的深度发展，才能在较短的时间内填补上行业的滞后产能。

爱空间的高效交付与科学管理体系

爱空间标准化体系的搭建，从设计、选材、施工、产业工人等方面入手，带来了 33 天高品质的交付成果，这是行业的一个传奇。

高效且高品质的交付，离不开科学的管理体系的搭建。对工人的管理是整个管理体系的核心难点。传统分包制带来的是品质不可控，工人为流动性团体，企业无法对工人产生足够的管理力度，更无法对施工品质有强力把控。爱空间给出了现阶段最为完美的解决方案——直管产业工人。

直管产业工人是行业一直想做，但却难以完成的一项工作。爱空间利用信息化手段，第一次实现了企业对工人的直接有效的管理，剥除了全部中间关系。

随之而来的就是对施工质量与工程工期的控制。这是爱空间与标准化家装得以实现的基础，也是未来行业发展的方向。

标准化家装是时代之选，但任重道远。成立三年，爱空间一直是行业创新的风向标，希望标准化家装对行业进行全新赋能，彻底推动行业的变革，完成行业基础建设中缺失的那一环——标准的明确，这也是本书编制最初的目的。

秘书长：

2018 年 4 月 13 日于中装协

序二

　　我国的家庭装修伴随改革开放而起， 20 世纪 80 年代至今，已历经近 40 年的发展与建设。在这期间家庭装修行业经历了从马路游击队到专业装饰公司的发展途径。在这从无到有，从有到精的专业发展中，遇到许多制约其发展的瓶颈。在这种境遇下，家庭装修行业急需适合市场实际需求的施工标准。因此，针对家装行业良莠不齐的混沌状况，形成集成化、规模化、系统化、综合化的全行业施工制作规范执行准则，以此针对市场指导行业执行实际施工的规范和标准凸显其重要意义。

　　本书是依据国家建筑装饰装修工程规范，并结合 35200 多家客户的实际施工案例与经验，在国内首家推出的家庭装修设计行业标准化施工操作手册。

　　本书内容均为爱空间在家庭装修设计与施工中总结出的研究性成果。通过对施工诸多问题的分析、研究及施工经验的提炼，结合使用新技术、新工艺、新材料，逐一解决家装施工中遇到的各种问题，全力提供健康、可持续的施工品质。通过此书，能够使家庭装修设计的参与者直观、简便地了解家装中需要实施的各个环节，以此增加家装施工的可操作性和透明性，并作为标准参照，解决家装施工的诸多问题，给消费者提供绿色、规范的行业准则。

2018 年 1 月于北京

前言

过去十年，中国发生了翻天覆地的变化。这其中最令人印象深刻的莫过于，诸多行业通过新技术、新思维、新经济的导入，得到了飞速地发展与进化。在中国的市场内涌现出非常多的优秀龙头企业，如闻名海内外的阿里巴巴。它的出现，从根本上改变了国人的购物方式，大大提升了购物体验，并且引发了大范围的市场、产业、资本的重组，缔造出炙手可热的新零售商业模式。

此时，作为一个在装修行业中历练了 15 年的从业者，我不禁反思：为什么装修行业在这十年中始终没有得到彻底地进化？为什么消费者在装修时依旧眉头紧皱、焦虑不堪？为什么装修从业人员依然在日复一日地重复着无章可循的生产状态？为什么迄今为止在中国的装修市场上还没有诞生过一家规模超百亿的装修企业？为什么还没有一个装修品牌能够获得广大消费者真正的认可？——这对于一个市场规模在万亿级的行业来说，可以称之为一个"魔咒"。

作为一名中国装修行业发展的亲历者，我对这个行业又爱又恨。对于所有人来说，家是心灵和身体的温暖港湾，而装修家的过程，却几乎消耗掉家的全部美好。满怀期待的开始，疲惫不堪的结束，是千千万万个装修家庭的真实写照。

我有一个梦想和情怀，我想通过自己的努力让家的美好简单实现。2014 年，我创办爱空间，在中国乃至全球首创标准化家装。传统家装存在过程不透明，工艺无标准，施工效率低，滋生私增项，成本浪费、工期延误、质量无保障等诸多问题，这些数不清理还乱的痛点，最后其实都可以归结为一个词——不确定性。

工期不确定、价格不确定、服务不确定、效果不确定都是阻碍用户拥有良好体验的顽疾，同样也是阻碍行业发展的症结所在。而所有这些不确定唯有通过标准化方能根本解决，也唯有标准化更能与当今世界新技术、新思维和新经济完美融合，从而实现中国装修行业的彻底进化。

如何才能实现标准化家装？爱空间创造性地利用现代工业流水线的思维，重新组织装修施工全流程。通过"五工合一"，将整个装修服务流程拆解为 16 道工序，88 道工艺，240 道工法，让装修像工业流水线一样去操作，这是爱空间与传统家装模式的最大不同所在。我们希望打造出产品标准化、交付标准化和服务标准化的闭环体系，为每一位用户创造确定的幸福。

任何一个行业的进化，都离不开艰苦卓绝的创造。只有融合新的技术、思维、资源才能够让装修行业得到彻底的改变，才能打破那个制约行业发展的"魔咒"。

在技术创新研发上，爱空间开发了熊师傅 App，让每道工序的工人都能够通过智能手机，接受流水线的派单。所有工人清楚地了解工作地点、时间要求和收入金额，并按照统一的工艺标准，将每天的施工内容上传到云端，让项目管家和客户随时了解进度，并反馈打分。ERP 数据库魔盒的成功开发，彻底精简了施工准备阶段，这一切隐藏在后端的信息系统，在提高效率的同时保证施工品质的稳定卓越。

与此同时，我们也针对用户单独开发 App——爱聊儿 App，每位客户都有专属的服务账号，一键查看装修进度，为工人与服务打分评价，更可以与其他客户交流装修经验。我们感激用户们每一次的认可和包容，同时，我们更喜欢用户们每一次的吐槽和不满。这些吐槽和不满，帮助爱空间更好地修正瑕疵，从而才能更好地进化迭代。

爱空间每一步的迭代背后，都需要投入大量的精力。欣慰的是，纵然一路艰辛，不断倒逼自己，换来了用户大量的认可与好评。3 年时间，爱空间覆盖 24 个城市，服务超过 35200 个家庭。让我们更加深刻理解到"人生没有白走的路，每一步都算数"这一道理。

今天，爱空间将这三年来在不断地施工实践中总结、归纳出的标准化家装施工规范丛书《标准化家装施工红宝书》开放给全行业以及广大消费者。我们希望标准化家装能够推动行业的进步，为更多用户创造美好幸福的生活。

在这里郑重感谢，陪伴爱空间一路走来的行业权威机构：中国建筑装饰装修协会对本书编纂提供的大力支持与宝贵的行业指导。相信在中国建筑装饰装修协会的指引之下，装修行业在不远的将来必将实现爆发式的增长与进步，再次感谢！

相信标准化家装，相信每一次的期待和认可，相信唯有爱能改变，相信让人激动的美好生活！

爱空间创始人 & CEO

目录 CONTENTS

1 绪论

装修是一场过程和结果都不确定的冒险，不确定的效果、不确定的价格、不确定的品质以及不确定的工期。传统家装受限于自身模式，无法从根本上解决这一行业弊病，标准化家装应运而生。

标准化家装提出"平方米计价、从毛坯到精装、一站全包"的全新家装模式，并将信息技术运用到诸多业务环节当中，不断磨砺创新，提供更简单的产品与更省心的用户体验，让确定成为可能。

1.1 标准化家装的发展沿革

1. 标准化家装 1.0

互联网思维汹涌跌宕之时，改变着众多的传统行业，使其焕发新源力，但这股东风却难以浸润家装产业的铜墙铁壁。

陈炜先生，一个从事家装十数年的专家，以独到的眼光洞察到传统家装的本质弱点"不确定性"，每个客户对装修都有自己的要求，想做到确定的呈现，就必须有严格的"标准"，于是陈炜先生创造性地将家装拆解为"硬装 + 软装"，这就确保了公司的"标准化"与客户的"个性化"相辅相成。

硬装"标准化"成为了爱空间改造家装行业的第一个切入点。以爱空间获得雷军顺为资本投资为起点，这种按平方米计价、包主材辅料与工期确定的装修新模式自此走入了大众视野。599、699、1099 等产品如雨后春笋般出现，受到广泛欢迎。

2. 标准化家装 2.0

标准化家装 1.0 时代，是一个从 0 到 1 的时代，如何更进一步提升产品设计，提升客户服务，提升交付品质，甚至兼容定制化成为升级的大方向。

2017 爱空间 i8 新品发布，其具有更高品质的材料选择，更智能化的硬件搭配，更强调环保标准。标准化家装 2.0 产品，已经更多地关注客户本身，而不仅仅是模式与产品，我们给客户带来更确定的装修，更希望能带来确定的幸福生活。

3. 标准化家装 3.0

如何在标准化的原则中，给到客户更多的自主选择，同时真正地融合装修的全过程，一步到位地改变生活，成为了新的课题。

2017 年 6 月爱空间获得国美 C 轮 2.16 亿元融资，与国美达成战略合作，第一次将家电融合进家装之中，创造了新的"家装生态"。

在环保与设计上更进一步，执行卫生部建议环保指标："全屋密闭 12 小时，甲醛含量 ≤ 0.1mg/m³。"

在设计上的作为显而易见，邀请了知名的设计大师刘利年与陈暄打造全新的样板间，并联合博洛尼、宜家家居以及尚品宅配提供全屋的定制化软装。

至此，以爱空间为旗帜的标准化家装产业进入了全新的 3.0 时代。

1.2 标准化家装的意义

长期以来家装行业一直没有彻底脱离手工作坊的时代，区别只是规模大小的问题。从手工作坊到高级定制，缺失了标准的制定与沉淀阶段，导致家装给客户带来的感受并不如意。

从行业发展来看，规模化的前提是有标准化的产品，定制化的家装生态只孵化出了 20 亿级的家装企业，而标准化必将带领家装产业走向规模化，从而带领整个行业的服务、品质、交付的全面升级，促使行业的进步，提升客户的生活幸福感。

标准化家装带来了前所未有的省心体验，产品标准化，交付标准化，服务标准化，给客户带来的就是装修过程与结果的可控，一站搞定，省心省力。

属于爱空间直管工人，通过严格的培训，102 项考核达标方可上岗。通过熊师傅系统派单，高效且高产，远超行业平均收入水平。这当然促使着工匠自发地提升技能，提供更高品质的交付。

对整个社会来说，装修不再是体验极差的服务行业，必将提升家庭的幸福感，对社会进步的促进显而易见。

1.3 标准化家装的内容

现代产业标志——福特，是第一个成功将装配线概念运用于实践并获得成功的人，通过具有划时代意义的装配生产线，从而得到大规模生产、成本降低、品质可控。如果汽车可以，装修为什么不行呢？

标准化家装"施工流水线"，这种想法的提出和实施都是前所未有的，流水线是一种工业上的生产方式，每一个生产单位只专注于一点，以提高工作效率及产量，这也是为什么手机、电脑、汽车等产品都可以做到集中生产、质量标准稳定、品质有保障的原因。为了提出家庭装修流程规范的标准化说明，我们结合使用新技术、新工艺、新材料、新工具，通过对诸多常见装修质量问题的分析、研究及施工经验的提炼，严从规范操作，狠抓施工细节，总结出标准化家装的 16 道"施工流水线"，每条"施工流水线"彼此硬链接，这样做有几个非常明显的好处：（1）分工明确，装修效率提升；（2）把控更严格，装修品质有保障；（3）客户有标准可依，验收更明确。

按照施工内容、施工顺序、施工工种（班组）相匹配的原则，爱空间把整体装修施工划分成 16 道固定的"施工流水线"，分别为①保护工程→②拆除工程→③水电工程→④地面找平 →⑤瓦工工程→⑥木工工程→⑦油工工程→⑧壁布工程→⑨安装铝扣板→⑩安装橱柜 → ⑪安装内门→⑫安装台面→⑬铺贴壁纸 →⑭安装水电设备→⑮铺装地板→⑯开荒保洁，其中，每道流水线还会细分出子工序，比如水电工程就包括给水改造、排水改造、强弱电套管铺设、强弱电穿线和连接等，在每个施工工序中，都有着标准的操作方法与验收标准 。

2 家庭装修的基本要求

2.1 设计
(1) 设计师必须保证建筑物的结构安全和主要使用功能。当涉及建筑主体和承重结构改动或增加荷载，必须有原结构设计单位或具有相应资质等级的设计单位的书面同意，否则，严禁设计改动。
(2) 严禁设计师擅自改变建筑物外立面。

2.2 材料
(1) 严禁使用国家明令淘汰的材料。
(2) 严禁使用保质期以外的材料。
(3) 装修材料的品种、规格和质量符合国家现行标准的规定。
(4) 装修材料应符合国家有关建筑装饰装修材料有害物质限量标准的规定。
(5) 主要装修材料应有产品合格证书、检测报告，进口产品应按规定进行商品检验。

2.3 施工
(1) 严禁损坏房屋原有绝热设施；严禁损坏受力钢筋；严禁超荷载集中堆放物品；严禁在预制混凝土空心楼板上打孔安装埋件。
(2) 严禁擅自改动结构主体、承重结构；严禁擅自拆改暖气、燃气等配套设施；严禁擅自扩大主体结构上原有门窗洞口。
(3) 严格控制施工现场各种粉尘、废气、噪声、振动等对周边环境造成的污染和危害。
(4) 施工现场用电应从强电箱以后使用临时施工用电系统。
(5) 安装、维修或拆除临时施工用电系统，应由电工完成。
(6) 临时用电配电箱中应装设漏电保护器。进入配电箱的电源线不得用插销连接。
(7) 临时用电线路应避开易燃、易爆物品堆放地。
(8) 遵守物业管理规定，避开公共通道、绿化地、化粪池等市政公用设施。

3 家装中工期标准与"五工"定义

3.1 新房 33 天工期标准工序

新房 33 天工期标准工序

工期	1	2	3	4	5	6	7	8
工序	【保护】1. 成品保护；2. 下水降噪处理；3. 涂刷地固	【拆除】1. 拆除墙体、铲墙皮；2. 垃圾清运	【水电】1. 三方交底；2. 现场放线；3. 水电开槽	【水电】强弱电布管穿线	【水电】1. 强弱电布管穿线；2. 厨卫给水改造	【水电】1. 厨卫给水改造；2. 厨卫排水改造；3. 水电路检测	【找平】地面砂浆找平	【找平】地面养护
客户外购产品配合时间		拆除暖气及管道改造		1. 安装中央新风、中央空调；2. 更换防盗门；3. 光纤入户；4. 安装前置过滤器；5. 背景音乐、安防；6. 地采暖施工（水电改造完毕后进场施工）				

新房 33 天工期标准工序

工期	9	10	11	12	13	14	15	16
工序	【瓦工】1. 厨卫包下水管；2. 新砌隔墙 【木工】石膏板隔墙、吊顶	【瓦工】1. 管道挂网抹灰、补线槽；2. 卫生间地面砂浆找坡 【木工】石膏板吊顶、制作窗帘盒	【瓦工】1. 卫生间涂刷防水；2. 厨房贴墙砖；3. 木作复尺 【油工】1. 墙顶涂刷墙锢；2. 墙面线槽封堵；3. 墙顶石膏找顺平	【瓦工】1. 卫生间闭水试验；2. 厨房贴墙砖 【油工】墙顶石膏找平顺平	【瓦工】1. 闭水验收；2. 厨房贴墙砖；3. 厨卫贴地砖 【油工】石膏线安装、修补	【瓦工】1. 厨卫贴地砖；2. 卫生间贴墙砖 【油工】1. 墙面石膏找平收光；2. 顶面批刮第 1 遍腻子	【瓦工】卫生间贴墙砖 【油工】顶面批刮第 2 遍腻子	【瓦工】卫生间贴墙砖 【油工】顶面腻子打磨
客户外购产品配合时间	1. 更换外窗；2. 空调打孔							

新房 33 天工期标准工序

工期	17	18	19	20	21	22	23	24	25
工序	[瓦工] 客厅贴地砖	[瓦工] 客厅贴地砖	[瓦工] 清理、勾缝、保护	[壁布工] 铺贴玻纤壁布	[壁布工] 铺贴玻纤壁布	[壁布工] 1.顶面涂刷底漆；2.墙顶涂刷第1遍面漆	[壁布工] 墙顶涂刷第2遍面漆	[吊顶] 厨卫铝扣板吊顶	[橱柜] 安装橱柜、木门、门吸、打胶 [木门] 浴室柜、
客户外购产品配合时间			燃气改造				安装电热水器（内嵌式）		超 650mm 宽的冰箱进场

新房 33 天工期标准工序

工期	26	27	28	29	30	31	32	33
工序	[橱柜][木门] 木作反补	[台面] 安装台面、窗台板、打胶	[橱柜] 安装烟机灶台；木作调试	[壁纸] 铺贴壁纸	[安装] 安装洁具、水盆、五金、开关、插座等	[地板] 安装地板、踢脚线、打胶	[保洁] 开荒保洁	[竣工验收]
客户外购产品配合时间			1.内嵌烤箱、洗碗机；2.包哑口、窗套		1.安装暖气片；2.安装净水器、空调；3.安装中央新风、风口面板等			

说明：

1. 工期是指实际施工的天数（施工日）。

2. 因甲方、物业、不可抗力造成的延误，工期顺延。

3.2 老房 38 天工期标准工序

老房 38 天工期标准工序

工期	1	2	3	4	5	6	7	8	9	10
工序	【保护】【拆除】1.成品保护；2.拆除、垃圾清运	【拆除】拆除、垃圾清运	【拆除】拆除、垃圾清运	【拆除】拆除、垃圾清运	【拆除】1.拆除、垃圾清运；2.涂刷地锢	【水电】1.三方交底；2.现场放线；3.水电开槽	【水电】1.水电开槽；2.强弱电布管穿线	【水电】强弱电布管穿线	【水电】1.强弱电布管穿线；2.厨卫给水改造	【水电】1.厨卫给水改造；2.厨卫排水改造；3.水电路检测
客户外购产品配合时间			拆除暖气及管道改造完毕					1.安装中央新风、中央空调；2.更换防盗门；3.光纤入户；4.安装前置过滤器；5.背景音乐、安防；6.地采暖施工（水电改造完毕进场施工）		

老房 38 天工期标准工序

工期	11	12	13	14	15	16	17	18
工序	【找平】地面找平	【找平】地面养护	【瓦工】1.厨卫包下水管；2.新砌隔墙 【木工】石膏板隔墙、吊顶	【瓦工】1.管道挂网抹灰、补线槽；2.卫生间地面砂浆找坡 【木工】石膏板吊顶、窗帘盒 制作	【瓦工】1.卫生间涂刷防水；2.厨房贴墙砖 【油工】墙顶涂刷墙锢 1.墙顶涂刷墙锢；2.墙面线槽封堵；3.墙顶石膏找顺平	【瓦工】1.卫生间闭水试验；2.厨房贴墙砖 【油工】墙顶面石膏找顺平	【瓦工】1.闭水验收；2.厨卫贴墙砖；3.厨卫贴地砖 【油工】墙顶石膏找顺平	【瓦工】1.厨卫生间贴地砖；2.卫生间墙砖 【油工】石膏线安装、修补
客户外购产品配合时间			1.更换外窗；2.空调打孔					

老房 38 天工期标准工序

工期	19	20	21	22	23	24	25	26	27
工序	[瓦工] 卫生间贴墙砖	[瓦工] 卫生间贴墙砖	[瓦工] 客厅贴地砖	[瓦工] 客厅贴地砖	[瓦工] 客厅贴地砖	[瓦工] 清理、勾缝、保护	[壁布工] 铺贴玻纤壁布	[壁布工] 铺贴玻纤壁布	[壁布工] 1.顶面涂刷底漆; 2.墙顶涂刷第1遍面漆
	[油工] 1.墙面石膏找平收光; 2.顶面批刮第1遍腻子	[油工] 顶面批刮第2遍腻子	[油工] 顶面腻子打磨						
客户外购产品配合时间						燃气改造			

老房 38 天工期标准工序

工期	28	29	30	31	32	33	34	35	36	37	38
工序	[壁布工] 墙顶涂刷第2遍面漆	[吊顶] 厨卫铝扣板吊顶	[橱柜][木门] 安装橱柜、浴室柜、木门、门吸、打胶	[橱柜][木门] 木作反补	[台面] 安装台面、台板、打胶	[橱柜] 1.安装烟机灶台、洗碗机; 2.木作调试	[壁纸] 铺贴壁纸	[安装] 安装洁具、水盆、五金、开关、插座等	[地板] 安装地板、踢脚线、打胶	[保洁] 开荒保洁	[竣工验收]
客户外购产品配合时间	安装电热水器(内嵌式)		超650mm宽的冰箱进场			1.内嵌烤箱、洗碗机; 2.包哑口、窗套		1.安装暖气片; 2.安装净水器; 3.安装中央新风、空调面板、风口			

3.3 "五工" 定义

1. 工序

此处指为完成整体装修施工，按照施工内容、施工顺序、施工工种（班组）相匹配的原则，把整体装修施工划分成若干个固定的施工流水线，如：保护工程→拆除工程→水电工程（给水改造、排水改造、强弱电套管铺设、强弱电穿线和连接）等。

2. 工艺

此处指各个施工流水线中施工项目的划分与确认，如：施工流水线中的瓦工工程划分为砌筑轻体砖隔墙、墙面水泥砂浆抹灰、卫生间防水施工、墙地面铺贴瓷砖。

3. 工法

此处指每个施工项目中的各施工步骤的具体操作方法、做法，如：强电穿线及连接施工项目的步骤是①选择导线→②穿带线→③导线与带线的绑扎→④管内穿线→⑤导线连接→⑥线路绝缘遥测→⑦验收，其中⑤导线连接使用 WAGO 接线端子并线，具体操作方法是先用剥线钳剥去强电线绝缘外皮 12mm，再将剥完的导线完全插入端子孔中，即完成连接。

4. 工具

此处指为完成装修施工而使用的电动工具和辅助工具，如：电钻、电锤、搅拌器、红外水准仪、靠尺、水平尺等。

5. 工种

此处指整体装修施工按照施工工序的划分对应匹配的施工人员种类，如工序与工种对应关系：成品保护对应保护工、拆除对应拆除工、水电工程对应水电工、地面找平对应找平工等。

4 现场安全文明施工的标准

4.1 施工人员形象标准

（1）施工人员穿统一定制的工服，工服整齐干净。若有粉尘作业时，佩戴好口罩、护目镜。严禁穿拖鞋、赤膊、赤脚进入施工现场。

（2）施工人员佩戴上岗证件，持证上岗。

（3）施工人员会使用"您好"、"欢迎参观"、"不客气"、"不用谢"等礼貌用语。若有客人参观，应暂停施工，特别是噪声和粉尘的施工必须立即停止。主动与客户打招呼，能进行简单沟通。严禁与客户发生争吵。

4.2 施工现场形象标准

（1）每个施工现场至少配置两组整理箱。施工人员每天更换的衣物、电动工具及时存放其中，不允许随意乱放。

（2）材料按房间分类码放，相同材料要码放同一区域。材料应码放在房间中部，不应紧靠墙码放。

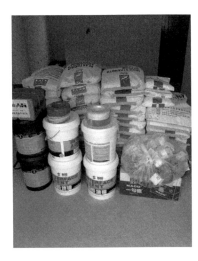 

（3）膏粉类袋装材料叠放高度不宜超过 8 层。板材等易燃材料应放置单独区域。龙骨、水电料应单独存放，在房门一侧整齐码放。

（4）人字梯必须配备安全保护绳，防止侧滑。梯子踏板应完好、无损坏。人字梯高度应为 1500~1800mm，使用 50mm×30mm 木方制作，横档净空间距 300mm，统一颜色。

（5）地砖或地板铺装完毕后，如需再用人字梯或木长凳，梯脚必须用保护膜进行包裹，以免损伤地面。

（6）悬空阳台、外墙洞口、沿边处必须设防坠落临时护栏。临时防护栏可使用木方，连接处必须牢固，无脱节现象。

（7）每 50m² 配置 1 个 5kg 干粉灭火器，每户最少配 2 个，定期检查有效性，即在年检内，指针在绿区或黄区。若有问题，及时更换。

（8）不施工区域保持干净整齐。施工区域应做到活完料净场地清。垃圾应袋装好，存放到指定位置。每天下班前必须清理一次，门外地面也应清理干净。当天垃圾不过夜，及时运至小区指定地点。

（9）现场配置一个专用的拌灰桶和泡砖盆，供水泥砂浆搅拌和浸泡瓷砖使用。

（10）设计图纸、工程手册、单据均应放置在图纸专用档案袋，专用档案袋悬挂在窗户玻璃上。

（11）严禁施工人员在现场抽烟，严禁出现烟头、酒瓶，严禁施工人员在施工现场住宿、开火做饭。

4.3 施工现场临时用电标准

（1）电工要求持证上岗。应持有"安监"部门颁发的电工证，在公司备案。无证人员严禁电工作业。

（2）使用配电箱要求。现场必须配备独立的配电箱1~2个。安装、维修、拆除临时用电时，必须由电工完成。配电箱禁止设立在潮湿和粉尘多的地方。临时电箱应设三级漏电保护，形成分级保护。

（3）临时电线及布线要求。现场临时电线应为电缆线和三芯护套线，严禁使用双绞花线做临时电线。导线应完好，线径应满足设备负荷要求。照明和插座临电拉线应尽量走墙边和墙面，并设置临时固定点，墙面固定宜在1.8m以上。保证线路安全、合理、整齐美观。严禁导线随意散落地面。

（4）电动工具要求。施工期间使用的电动工具，必须从临时配电箱引电。严禁从原主电箱拉接或从原插座直接引电。电动工具、电线、插头应完好，能正常运转，定期保养。

（5）临时照明要求。每个房间均应配临时照明，使用节能灯或白炽灯，应配装专用的临时灯控开关。临时照明严禁使用高热灯具（碘钨灯、聚光灯等），严禁灯具与易燃易爆物之间靠近和直接照射，必须保证不低于500mm的距离。

（6）临时配电箱内的漏电保护器，其额定漏电动作电流不应大于30mA，额定动作时间不应大于0.1s。

（7）桑拿天、回南天、冬季期间，若现场采用除湿或加热设备以满足施工要求时，应使用安全可靠的设备，但必须经由业主认可。

（8）现场严禁使用"热得快"烧水，应使用安全的电热水壶。

（9）施工使用电切割机等产生火花的设备时，应配防火措施，备好水桶、砂子。火花与带电部分距离不得小于1.5m，且应远离易燃物品，如木制品、保温材料等。

（10）施工人员下班前，应对临电线路进行检查，确定无破损、无安全隐患后切断电源。

（11）电工操作必须集中精力，时时想到安全，处处注意安全，严禁饮酒后作业。

4.4 施工现场临时给排水标准

（1）现场设临时给、排水点位。开始应设在卫生间，卫生间施工时转至厨房。先装八字阀，再用金属软管或PPR管连接水龙头，下水软管与下水管道连接。保证给水、排水安全。严禁出现大量给排水的遗洒，地面不能有积水。下班前工人必须关闭八字阀、龙头。

（2）废水中固定颗粒物严禁倒进下水管道中，如石膏块、腻子块、水泥砂浆块等，应集中倒入垃圾袋。

（3）卫生间配置统一的临时小便器，小便器下水口一定要插入原下水管中，应对齐平稳。即用即冲及时清理，现场应无异味、干净卫生。严禁往小便器里倒施工垃圾，如石膏块、腻子块、水泥砂浆等。

5 标准化施工的基本内容

5.1

保护工程

1. 工序介绍

1）适用范围

对原房屋及相关成品进行一系列保护。

2）施工材料

地膜、窗膜、燃气保护罩、门贴、窗贴、胶带、地锢、10mm 隔音棉、红色扎带。

3）作业条件

（1）物业开工手续已办理完毕。

（2）新房原有成品（户门、外窗、热水器）做好交接确认。

（3）老房屋内已无业主需要保留的物品。

2. 工艺

（1）电梯、楼层保护。

（2）户门保护。

（3）窗户保护。

（4）门禁、燃气表、暖气片保护。

（5）门槛保护。

（6）下水口保护。

（7）地面涂刷地锢。

（8）下水管包裹隔音棉。

3. 工法

（1）电梯间、楼层保护：墙面、地面均使用定制的无纤布保护膜覆盖严密、平整。

（2）户门保护：户门用成品保护套包裹严密，两侧及底部用绑绳系紧，门套用无痕胶带粘贴平整、严密。门把手用成品把手套包裹严密。钥匙盒安装在户门猫眼位置，连接牢固。

（3）窗户保护：从户外看，印有公司 LOGO 的专用保护膜字体正面朝上。在室内窗户里侧，用专用胶带沿窗户边框平整、严密地粘贴保护膜。窗把手采用专用把手套保护。窗贴字朝向，粘贴在窗户的中间或明显位置。

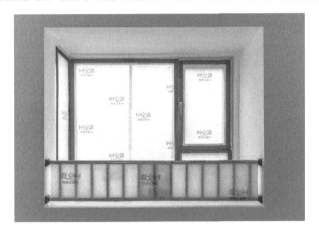
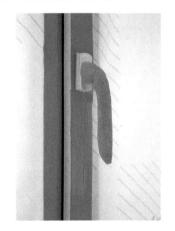

（4）门禁、燃气表、暖气片保护：用定制的水表保护罩、燃气表保护罩进行保护。用窗户专用保护膜对门禁、暖气、热水器、配电箱门、空调挂机（老房）进行保护，字体正面朝上，用定制胶带粘结平整、严密。拆下的热水器、空调机、暖气片成品保护好后，整齐放置在房间不影响施工的位置。

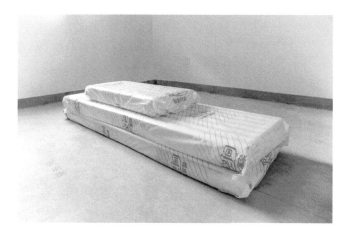

（5）门槛保护：进料时或门开启时，在户门或阳台门的门槛上覆盖定制防踏保护板。

（6）下水口保护：用定制的橡胶堵塞插进下水管道中，确保封堵密实牢固。

（7）下水管包裹隔音棉：厨房、卫生间下水管道主管、支管包裹隔音棉降噪处理。先清理下水管表面，不得有浮尘、杂物等。按管径大小选取匹配的隔音管包裹严密，检查口外露，裁切处平齐，干管与支管连接处填充密实。表面用红色扎带缠绕，压茬缠绕均匀，不得漏缠，端头系牢。

（8）地面刷地锢：成品保护完成后，除卫生间地面，其他地面满涂刷绿色地锢 1 遍。

4. 工具

壁纸刀、剪刀、刷子、梯子、卷尺、直尺。

5. 工种

保护工。

6. 质量标准

成品保护检查项目、质量标准和检验方法如下：

序号	项 目	质量标准	检验方法
1	铺贴、包裹	平齐、完整、无遗漏	观察
2	粘贴、绑扎	严密、牢固、无漏粘	观察、手摸检查
3	地锢涂刷	均匀、无漏刷	观察

7. 注意事项

（1）施工中保护若有破损，及时调整或更换。

（2）保护材料、隔音管注意保持干燥，严禁泡水。

5.2

拆除工程

1. 工序介绍

1）适用范围

老房拆除范围的全部内容。包括：窗帘、窗帘杆、配饰、室内围护栏杆、水电管线、灯具、开关、插座、热水器、燃气炉、烟机灶具、净水器、马桶、卫洗丽、浴缸、花洒、柱盆、洗菜盆、淋浴房、卫浴小五金件（如水龙头、毛巾杆、浴巾架、厕纸盒、晾衣架等）、橱柜、浴室柜、衣帽柜、室内门、门套、哑口、现场木作、吊顶、墙地砖、水泥砂浆粘结层、找平层、卫生间地台、沉箱回填层、壁纸、软包、背景墙、木地板、龙骨、瓷砖踢脚、木踢脚、非承重隔墙、铲墙皮。

2）施工材料

垃圾袋、绝缘胶带、透明胶带、防尘口罩、护目镜。

3）作业条件

（1）内部交底完成。

（2）施工现场已无业主所要物品。

（3）成品保护完成。

（4）燃气总阀门、上水阀门、电闸已关闭，与总电闸连好临时配电箱。

4）拆除原则：

（1）拆除均为破坏性拆除，严禁野蛮拆除。

（2）拆除应以房间为单位，先拆除厨房、卫生间，后拆除客厅、餐厅、走道、卧室。同时兼顾拆除相同内容。（如：门、灯具、开关面板、窗帘按相同项先行拆除）

（3）房间内拆除顺序：先行清除杂物、家具、配饰、用水用电设备，遵循"后装先拆"，再按照"先顶面、后墙面、再地面、由里向外依次进行"。

（4）执行十不拆：不拆承重墙及配重墙、不拆暖气及管道、不拆厨房烟道、不拆卫生间换气管道、不拆燃气表之前的主管道、不拆水电表前的主管道、不拆下水主管道、不拆周转使用的空调、不拆户门、不拆外窗。

2. 工艺

（1）拆除门和门套。

（2）拆除电设备：烟机、燃气炉、电热水器、灯具。

（3）拆除水设备：洗手盆、洗菜盆、马桶等及上下水。

（4）拆除小五金件。

（5）拆除护栏、窗帘盒、窗帘杆、木饰面。

（6）拆除台面。

（7）拆除橱柜、浴室柜。

（8）拆除吊顶。

（9）拆除轻体墙。

（10）拆除墙地砖。

（11）拆除木地板和踢脚。

（12）拆除地面水泥砂浆。

（13）铲除墙皮。

3. 工法

（1）拆除门和门套：先用电批或螺丝刀解开内门合页，卸下门扇，再用撬棍撬开门套及贴脸。

（2）拆除电设备：先拔下烟机、燃气炉、电热水器插座电源，向上托举即可卸下。先要关闭末端支阀并解开与灶台相连的燃气软管，再拆下灶台。灯具先拧下灯罩，再用螺丝刀或电批拧下固定螺丝，用胶布把原灯线缠裹严密。

（3）拆除水设备：先关闭用水设备的八字阀（如洗菜盆、浴室柜、柱盆、马桶、热水器）。拧开金属软管和水龙头的固定卡件，卸下软管、水龙头、水盆。用壁纸刀划开淋浴房、浴缸、马桶密封的玻璃胶，拧开相应的五金件，分别移动、卸下、清运。

（4）拆除小五金件：用螺丝刀或电批分别拆除小五金件。如毛巾杆、浴巾架、厕纸架等。

（5）拆除护栏、窗帘盒、窗帘杆、木饰面：用切割机切断栏杆与地面、墙面的连接，切割位置要紧贴着墙地面。窗帘盒、木饰面直接用撬棍拆除，窗帘杆用电批卸下固定螺丝。

（6）拆除台面：先用壁纸刀划开台面周边的玻璃胶，再用撬棍撬开台面，若台面过长，可用锤子砸成 2~3 段，方便搬运。

（7）拆除橱柜：先用电批或螺丝刀拧开柜门的合页，卸下门扇。若吊柜横向已连成一体，先把柜门的连接拆开。若吊柜为挂式，向上托举即可卸下。若吊柜为螺丝固定，需先拆除固定点，再逐个依次拆下。地柜可以一个箱体一个箱体地拆开、搬运。

（8）拆除吊顶：拆除原 PVC 或铝扣板吊顶，应按从里向外、一侧向另一侧的原则，按块或按条逐个解下。分类放好，可用胶带缠裹，方便搬运。原龙骨和吊筋需拆卸干净。吊顶内的厨房原烟道、卫生间原风道的止逆阀、软管拆除干净。

（9）拆除轻体墙：先确认轻体墙的材质，一般分为 3 种。轻钢龙骨石膏板隔墙、隔墙板、轻体砌块隔墙。拆除石膏板隔墙，应先用撬棍拆除石膏板，再依次拆除竖向龙骨和天地龙骨。拆除隔墙板或砌块隔墙，拆除前应在墙体倾倒一侧放置木板，以解决墙体倾倒对楼板的冲击。拆除顺序应从上往下，由一侧向另一侧分段进行，若有门洞，先从门洞处开始，墙板按其宽度 600mm 逐板拆除，砌块将分块分段打断拆除。严禁墙体从顶部、两侧断开，整体倾倒推倒。

（10）拆除墙地砖：先拆墙砖后拆地砖，用电镐拆除墙地砖和水泥粘结层。墙砖、地砖均是从里到外、从一侧到另一侧地拆除。

（11）拆除木地板和踢脚：从门洞处起，先用撬棍拆除木踢脚。踢脚拆除后，从门口边开始，按照地板铺贴的长向，用撬棍把木地板一块块、一排排起下来。若是有龙骨的地板，一般为打钉安装，先用撬棍把地板起下，再把木龙骨从地面起下。注意踢脚、木地板、木龙骨上的钉子，严禁钉子朝上，避免人踩伤，应及时分类，并用胶带缠好打捆运出。

（12）拆除地面水泥砂浆：按房间开间方向，从里到外，用电镐拆除。正常不拆除原地采暖，包括保温层、布管层、回填层。地采暖按层拆除，分别为回填层、布管层、保温层。回填层用电镐拆除，布管层、保温层均用撬棍拆除。严禁拆除原楼板垫层。

（13）铲除墙皮：

① 先判定原墙面腻子层是普通腻子还是耐水腻子。

② 若为普通腻子墙面（判定方法：用辊子滚水2~3遍，静置10分钟左右，待腻子充分吸收，用铲刀去铲，若表面吸水、溶水、很容易铲除即为普通腻子），因普通腻子不坚固、不坚实，需要把腻子层全部铲除，铲到原粉刷石膏找平层。若粉刷石膏找平层已无强度、松散，需要铲到原墙体基层。原墙顶面用辊子滚2~3遍水，用铲刀连续去铲除。

③ 若为耐水腻子墙面（判定方法：用辊子滚水2~3遍，静置10分钟左右，待腻子充分吸收，用铲刀去铲除，若表面不吸水、不溶水、很难铲除，即为耐水腻子），因耐水腻子非常坚固结实，安全可靠，无须铲除，只需把局部开裂或空鼓

处铲除到结实层。

④ 若为砂灰墙面，全部铲除到红砖墙。用小锤、撬棍敲打墙面至拆除干净。基层处理方案：干环境采用粉刷石膏分层找平，满铺防裂抗碱网格布一道，湿环境采用水泥砂浆抹灰找平，满挂防裂钢丝网一道。

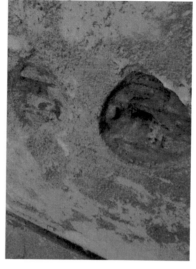

⑤ 若为内保温墙面，墙面无需铲除。为了解决开裂、返黑线、返黑点的质量问题，后期处理应在表面封一层石膏板（适用涂料墙面）或封一层硅酸钙板（适用贴砖墙面），采用发泡胶条粘，最后用尼龙胀塞与原结构墙体机械锚固，每平方米安装 2~3 个固定点。

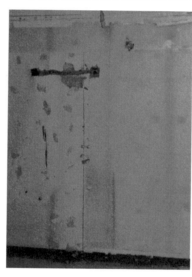

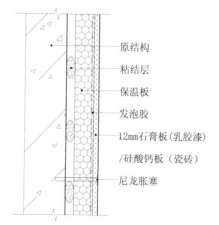

原结构
粘结层
保温板
发泡胶
12mm石膏板（乳胶漆）
/硅酸钙板（瓷砖）
尼龙胀塞

保温层剖面图（一）

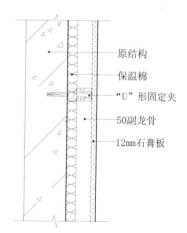

原结构
保温棉
"U"形固定夹
50副龙骨
12mm石膏板

保温层剖面图（二）

4. 工具

大小电镐、电批、角磨机、临时配电箱、铁锹、大小锤子、铁撬、壁纸刀、滚刷、水桶、铲刀、螺丝刀、扳手、钳子、錾子、推车、扫把。

5. 工种

拆除工。

6. 质量标准

拆除检查项目、质量标准和检验方法如下：

序号	项　目	质量标准	检验方法
1	固定、移动家具、厨卫产品	清除、拆除干净	观察
2	吊顶、顶面、墙面、地面面层和基层	清除、拆除干净	观察、手摸检查
3	室内卫生	无垃圾、清理干净	观察

7. 注意事项

（1）若为地采暖或分户供暖水管走地面的情况，拆除地面时，一定要小心注意，严禁使用大功率电镐拆除，要用小型工具人工拆除。了解清楚地面情况后，再大面积拆除，避免破坏地埋水管。

（2）拆除用的电动工具要从临时配电箱引电，禁止从原插座取电，确保用电安全。

（3）拆除前应先测试所有下水是否通畅，若有问题，及时告知业主。拆除厨房、卫生间原墙地砖前，必须先把原下水口用橡胶堵塞封堵严密，避免施工堵塞下水管道。

（4）预制板楼板，严禁使用大功率电镐拆除地面，要用小型工具人工拆除。若实际情况允许（业主认可、高度可以），建议在干环境的地砖面上直接开槽走电管线，开槽处补平，空鼓处敲掉补平，且原地面平整度满足要求（适用木地板地面），以最大程度减少对楼板和楼下的影响。若现场只能拆除地面，待拆除清理干净后，及时在楼板接缝处涂刷不小于 300mm 宽或满地面涂刷防水 1~2 遍，若预制楼板接缝明显，大于 2mm 时，应先用堵漏灵封堵密实。

（5）从厨房或卫生间接引的临时给水点，要求开关正常，严禁使用关不严的龙头和阀门。

（6）拆除的垃圾应分类收集、搬运。小件物品应用胶带或绳子捆绑推运。基础装修的垃圾用垃圾袋装好，分批运至小区内指定地点。

5.3

水电工程

5.3.1 水电放基准线

1. 工序介绍

1）适用范围

放 1m 水平线，插座水平线，开关水平线，强弱电，给排水点位标识线。

2）施工材料

墨汁、铅笔、碳素笔、标识贴。

3）作业条件

（1）三方交底水电点位已确认完成。

（2）老房拆除完成、墙皮铲除完成。

4）房间标高原则

（1）客厅、餐厅、通道、卧室、阳台（无地漏）、厨房（无地漏）的地面标高（完成面）应相同。

（2）厨房（有地漏）、阳台（有地漏）、卫生间地面完成面标高应低于客厅 3~5mm。（南方城市的相对高差应适当增大，宜在 10~20mm）

（3）客厅地面完成面标高应满足以下方面：

① 地面完成面严禁低于户门地框下沿，且不应高于地框中间。

② 从卫生间淋浴区地漏位置反推卫生间过门石标高，过门石标高与客厅、餐厅地面标高相同（卫生间过门石完成面厚度 = 卫生间地砖及粘结厚度 30mm+ 找坡厚度 10~15mm+ 过门石高差 3~5mm ≈ 43~50mm）。

③ 以客厅、餐厅、卧室、走道原地面的高点为基准，结合考虑地面面层及基层厚度。如：木地板地面厚度 = 木地板厚度（含防潮垫）13mm+ 找平厚度 25~30mm ≈ 38~43mm，地砖地面厚度 = 地砖厚度 10mm+ 粘结厚度 35~40mm ≈ 45~50mm。

④ 结合现场实际情况，用②、③计算出来的较大值确定客厅、餐厅地面完成面。

2. 工艺

水平基准线。

点位标识线。

开关水平线

1m水平线

插座水平线

水平放线原则图

3. 工法

（1）放水平基准线：根据确定的地面完成面标高，上返 1000mm 高，在墙面上弹出每个房间的 1000mm 水平线。有插座的墙面，根据原有插座下沿位置，在墙面上弹出插座水平线。插座下沿高度正常为 300mm。有开关的或增加开关的墙面，根据原有开关下沿位弹出开关水平线，开关水平线下沿正常为 1300mm。

（2）放橱柜、浴室柜轮廓线：根据厨房、卫生间设计方案，在地面、墙面分别放出每个地柜、吊柜、烟机、水盆的轮廓线。

（3）定位：根据墙面 1000mm 水平线、插座水平线、开关水平线、三方交底确认的强弱电、上下水点位，在墙上标出灯位开关、强弱电插座、上水口、下水口的具体位置。

（4）放管线路径：根据已确认的水电点位，在墙面上、顶板上放线弹出水电管线铺设路径。墙面弹出线管的剔槽位置线，单管开槽宽度 30mm，双管开槽宽度 50~60mm。插座、照明与弱电线路应分开敷设。冷水管和热水管应分开敷设，并在弹线位置标明"冷"、"热"。

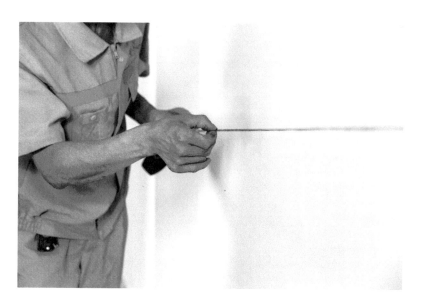 

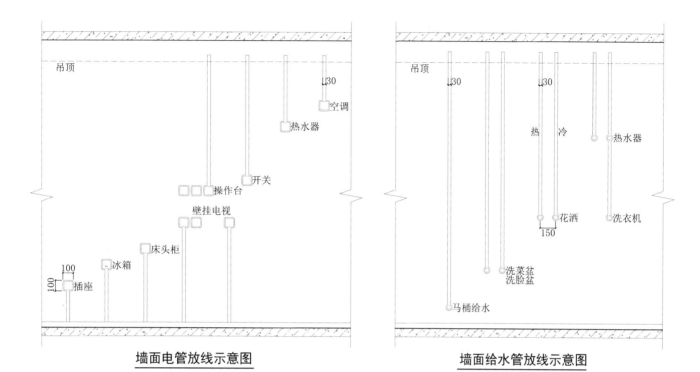

墙面电管放线示意图　　　　　　　墙面给水管放线示意图

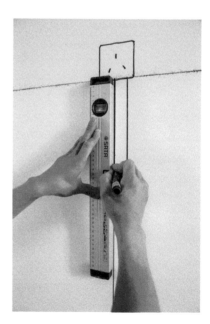

4. 工具

红外水准仪、墨斗、盒尺、壁纸刀。

5. 工种

水电工。

6. 质量要求

水电放基准线检查项目、质量标准和检验方法如下:

序号	项　目	质量标准	检验方法
1	房间相同水平线	误差不大于 2mm	红外水准仪
2	强弱电、上下水点位	数量、位置合理准确	尺量、图纸核对、交底确认

7. 注意事项

（1）水平线标高是以地面完成面为基准，放线之前需要先确认地面误差、地面做法及饰面的厚度，才能确认 1000mm 水平线的准确标高。

（2）每个房间的开关、相同功能的插座应在同一标高。

5.3.2 强弱电套管铺设

1. 工序介绍

1）适用范围

（1）室内强弱电线的套管铺设。

（2）断点改造：

① 原房屋强电点位已铺设到各房间相应位置，强电可以断点改造，根据设计和配置要求，新的强电点位通过连接原有强电点位增加或移位。

② 原房屋弱电点位已铺设到各房间相应位置，弱电可以退位改造，根据设计和配置要求，新的弱电点位通过原有弱电点位的路径回退移位。

（3）铺设新套管：

① 原房屋强电线只连接到强电箱，未铺设到各墙面点位，要铺设新套管到强弱电点位。

② 新房、老房的客户要求强弱电全部换新线（施工原则：先借用原有套管和完好的暗盒，若不能借用或套管暗盒已损坏，必须铺设新的套管和暗盒）。

2）施工材料

阻燃型 ϕ20PVC 套管及管件、强电套管及管件为红色，弱电套管及管件为蓝色。

3）作业条件

（1）施工图纸齐全、三方交底已完成。

（2）水平线、强弱电点位标识线已完成。

4）套管路径铺设原则

（1）厨房、卫生间的强电套管应走墙面、走顶面，严禁走地面。

（2）客厅、餐厅、卧室、通道、阳台的强弱电套管走地面、走墙面。

（3）开关灯线的强电套管走墙面、走顶面。

（4）地面敷设套管采用点到点走斜线，方便穿线、换线。墙面暗管、吊顶内明管横平竖直。

2. 工艺

（1）墙面切割、开槽。

（2）套管折弯、箱盒固定。

（3）套管铺设。

（4）套管固定。

（5）弱电防干扰。

3. 工法

1）墙面切割、剔槽

（1）根据墙面电管位置线，用云石机切割开槽，槽深宜为 30mm。

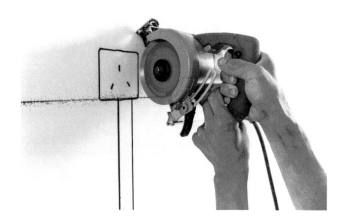

（2）墙面水平方向不允许剔凿 300mm 以上的横槽，混凝土承重墙不允许横向开槽。

（3）混凝土墙剔槽遇钢筋时，可将钢筋适当砸弯让套管通过，严禁切断钢筋。剔槽深度不够敷设套管时，采用黄蜡管或护套线。预制楼板不允许剔槽，地面管道区不允许开槽、打眼。

（4）顶面楼板严禁开深槽敷设套管，应开浅槽"S"形，用黄蜡管或护套线移动灯点位。开槽直线距离不宜超过 1500mm。

2）套管折弯、电盒固定

（1）根据墙、地面放线位置加工弯管，用弹簧弯管器将套管弯出所需的角度。套管弯曲弧度应均匀，不应有裂缝、死弯，套管弯扁程度不应大于管外径的 10%。

（2）套管铺设转弯时，弯曲半径不应小于管外径的 10 倍（$\phi16$ 为 160mm，$\phi20$ 为 200mm）。

（3）干环境墙面暗埋电盒可用高强石膏固定，厨房、卫生间墙面暗埋电盒可用水泥砂浆固定。厨房、卫生间墙面铺设暗盒要考虑墙砖及做法厚度，可按 25mm 计算，暗盒外露面应紧贴瓷砖背面为宜。

（4）配电箱固定使用膨胀螺栓或水泥砂浆固定，严禁使用铜丝绑扎、木楔子、尼龙胀塞。

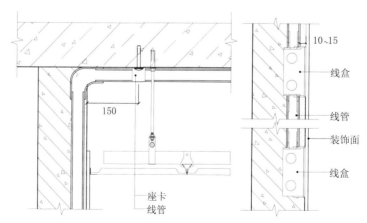

顶面明装线管示意图　　墙面暗埋线管示意图

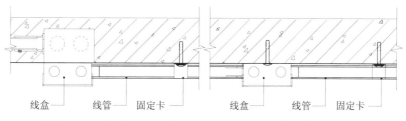

顶面新老线盒转换示意图　　　顶面明装线管布置示意图

3）套管敷设

（1）套管与暗盒、套管与套管连接应顺直、用管件连接。地面上的套管、管件连接时使用专用胶水粘结，并做好套管防踏保护。埋入墙体的套管外壁距墙地面不应小于 10mm。

（2）套管连接处管口平齐、光滑、无毛刺。套管线路弯曲较多，3 个及以上时，应适当放大弯曲半径。当套管超过 15m 或有两个直角弯时，应分段穿线或增加拉线盒。

（3）套管与暗盒连接一管一孔，管径与暗盒孔应吻合。套管与暗盒连接应使用盒接。两根及以上套管与暗盒连接时，排列整齐，间距均匀。

（4）强电管线及插座与弱电管线及插座平行间距不应小于 300mm。当地面强弱电管交叉时，要求在相交区域的电管上包裹铝箔纸，长度不小于 300mm。电管与暖气、煤气管之间的平行距离不应小于 300mm，交叉距离不应小于 100mm。

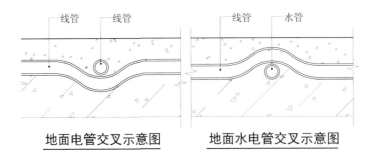

地面电管交叉示意图　　　　地面水电管交叉示意图

（5）客厅电视为壁挂电视且电视墙为非混凝土承重墙时，在电视机中心位置的竖向暗埋 $\phi50$ 的 PVC 套管，离地 300~900mm 高，套管上下两端连接 45°弯头（或暗盒）。

4）套管固定

（1）干环境地面明装、吊顶内明装时，固定卡子间距不大于 1000mm。在套管 90°转角处、暗盒边缘应补加固定卡，间距为 150mm。

（2）湿环境墙面暗埋套管的槽内必须用水泥砂浆填补，严禁用快粘粉填补。干环境墙面暗埋套管的槽内根据实际情况选取填补材料。若开槽层为水泥砂浆或混凝土，应用水泥砂浆填补，若开槽层为粉刷石膏，应使用底层石膏填补。填补密实与原墙面平齐。

（3）吊顶内套管的安装高度，视现场情况定，再裁切合适吊筋与顶面连接牢固。

4. 工具

弹簧式弯管器、云石机、电锤、电钻、钢锯、剪子、钳子、墨斗、卷尺。

5. 工种

水电工。

6. 质量标准

套管铺设检查项目、质量标准、检验方法如下：

序号	项 目		允许偏差（mm）	检验方法
1	箱高度		5	尺量
2	垂直高度		2	红外水准仪、尺量
3	盒垂直度		0.5	尺量
4	盒高度	并列安装高差	0.5	红外水准仪、尺量
		同一房间高差	3	尺量
5	盒、箱凹进墙深度		5	尺量

7. 注意事项

（1）厨房、卫生间吊顶内布管，应电管在上，水管在下。

（2）严禁水管、电管铺设在同一槽内。

（3）地面出现水管、电管相交时，水管在下，电管在上。

5.3.3 强电穿线及连接

1. 工序介绍

1）适用范围

（1）室内照明、开关、插座电路断点改造或重新铺设新导线。

（2）断点改造：原强电线已铺设到各房间相应位置，电路可以断点改造，根据设计和配置要求，新的强电点位通过连接原有强电线增加或移位。必须先对原有线路检测，确认无问题后，才能进行改造施工。

（3）全部铺设新管线：

　① 原房屋强电只连接到强电箱，未铺设到各墙顶面点位，需要重新铺设强电到设计点位。

　② 新房、老房的客户要求强电全部换新线。

（4）强电回路划分原则：

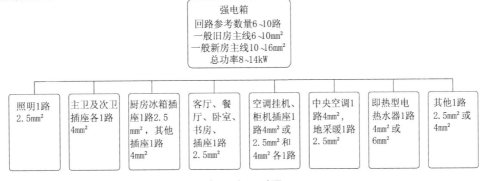

强电回路原则图

（5）常用规格电线的技术参数：

序 号	名 称	参 数			
1	电线芯截面（mm²）	2.5	4	6	10
2	绝缘层厚度（mm）	0.8	0.8	0.8	1.0
3	安全载流量（A）	22	30	38	53
4	安全负荷（W）	4840	6600	8360	11660
5	单芯直径（mm）	1.76	2.24	2.73	3.46
6	空开匹配型号（DZ）	C16	C20	C32	C40~C50

（6）开关、插座点位布置原则：

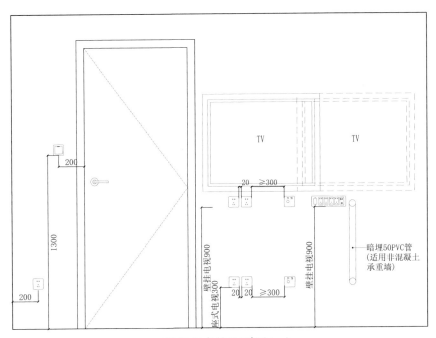

强弱电点位原则图（一）

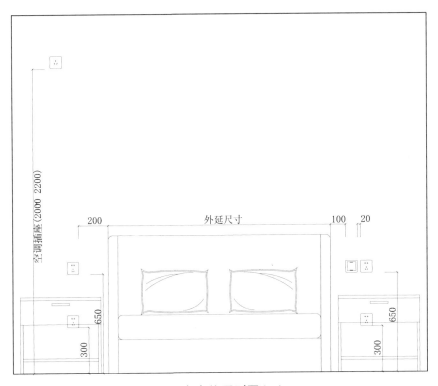

强弱电点位原则图（二）

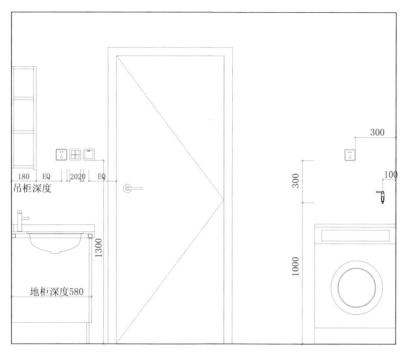

强弱电点位原则图（三）

（7）常用规格电线分色使用原则：

$2.5mm^2$，选用 4 种颜色，红色、蓝色、双色、白色；$4mm^2$、$6mm^2$ 选用 3 种颜色，红色、蓝色、双色。

红色（L）代表火（相）线，蓝色（N）代表零线，白色代表灯位控制线，黄绿双色（PE）代表接地保护线。

2）施工材料

$2.5mm^2$、$4mm^2$、$6mm^2$ 塑铜硬导线，穿线钢丝，WAGO 接线端子（$2.5mm^2$、$4mm^2$ 用四孔、$6mm^2$ 用三孔），防水胶布，灯口，灯泡，临时开关，波纹管，黄蜡管，护套线。

3）作业条件

（1）套管铺设、暗盒、分线盒安装已完成。

（2）导线型号规格符合要求。

2. 工艺

（1）穿带线。

（2）带线绑导线。

（3）管内穿线。

（4）导线连接。

（5）电阻值遥测。

3. 工法

（1）穿带线：用钢丝作为带线，同时检查管道是否通畅，所穿钢丝要顺直、无打结。

（2）带线绑导线：当导线根数较少时，可将导线前端的绝缘层削去，然后将线芯与带线绑扎牢固，使绑扎处形成一个平滑的锥形。当导线根数较多，可将导线前端绝缘层削去，然后将线芯错位排列绑扎在带线上，绑扎牢固，不要将线头做得太大，应使绑扎接头处形成一个平滑的锥形接头，减少穿线阻力，便于穿线。

（3）管内穿线：

① 同一回路的导线必须穿入同一管内，不同回路的导线、强弱电线不得穿入同一管内。导线顺直、严禁打结，不可过度穿拉导线，避免电线受损。

② 普通开关只需要火线入开关，智能开关选用零火型，除了火线入开关，还需要增加一条零线。智能双控开关只需一个灯控开关铺设管线，另一开关使用无线开关，无需再铺设管线。

（4）导线连接：

① 灯线连接、插座分线并线均采用 WAGO 导线连接器。根据导线根数、线径、分线数使用规格相匹配的 WAGO 连接器。灯线用 2.5mm² 四孔的，插座线用 2.5mm²、4mm² 四孔的，6mm² 用三孔的，导线与 WAGO 的连接必须紧固。

② 厨房、卫生间灯线、插座的分线均应在顶面，设置分线盒。只允许墙面相邻的插座在插座并线，否则，应从顶面分线盒分线到墙面插座，严禁从距离较远的墙面插座分线。

③ 强电断点改造，原插座只是分线使用，不再当插座，此插座不封死应装白板，便于检修。

④ WAGO 连接、测试、拆除：剥去导线绝缘外皮 12mm，将剥好的导线完全插入端子孔中即可。用电笔插入试电孔测试连接情况。通过左右转动连接器即可将导线拔出。

⑤ 吊顶里的灯头线应穿阻燃波纹管，弯成"S"形，灯头线留置长度应大于吊顶 350~500mm。

⑥ 强电改造完成后，严禁线头裸露，应用胶带缠裹严密。

⑦ 顶面灯线改造完成后，应及时接临时照明和临时开关。

（5）电阻值摇测：导线绝缘摇测选用 500V，量程 0~500MΩ 的兆欧表。穿线完成后进行线路绝缘摇测，照明线路将灯头盒内导线分开，开关盒内导线联通。分别将相线、零线、接地保护线进行摇测，摇速保持 120r/min 左右，读数应在 1min 后为宜（或万用表测导线电阻值）。

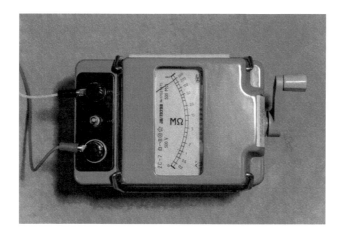

4. 工具

克丝钳、剥线钳、一字改锥、十字改锥、电笔、绝缘手套、高凳、人字梯、万用表、兆欧表、试电插头。

5. 工种

水电工。

6. 质量标准

强电线穿线、连接检查项目、质量标准、检验方法如下：

序号	项　目	质量标准	检验方法
1	电线颜色、规格、型号	符合要求	目测
2	电线绝缘电阻值	小于 0.5MΩ	兆欧表摇测

7. 注意事项

（1）同一回路应穿入同一个套管内，严禁不同回路、强弱电线穿入同一个套管内，强电线必须分清颜色。套管内穿线截面不应超过管内径截面的 40%。

（2）强电绝缘电阻值检测完成后，在未装插座开关面板前，必须把裸露的线头用胶带包裹严密。

（3）墙面埋设暗盒，插座底边距地宜为 300mm，开关面板底边距地宜为 1300mm。

（4）弱电箱内应配置一个五孔插座。

（5）暗盒管线连接完毕，暗盒及时用装饰盖板封闭，防止管口堵塞。

5.3.4 弱电穿线及连接

1. 工序介绍

1）适用范围

（1）室内电话线、电视线、网线退位改造或重新铺设新线。

（2）退位改造：原房屋弱电点位的弱电线已铺设到各房间相应位置，弱电点位可以退位改造，根据设计和配置要求，新的弱电点位通过原有弱电点位的路径回退移位。

（3）全部铺设新弱电线：

　　① 原房屋弱电线只连接到弱电箱，未铺设到各墙面点位，需要重新铺设到设计点位。

　　② 新房、老房的客户要求弱电全部换新线。

　　③ 弱电点位配置原则：

弱电回路原则图

2）施工材料

4P 电视线、超 5 类屏蔽网线、有线电视分配器、模块。

3）作业条件

（1）套管铺设已完成。

（2）弱电线型号规格符合要求。

2. 工艺

（1）穿带线。

（2）带线绑弱电线。

（3）管内穿线。

（4）导线连接。

3. 工法

（1）穿带线：穿带线是检查管道的通畅和作为线缆的牵引线，放线前根据施工图进行核对，对导线两端进行标记序号。

（2）带线绑弱电线：将导线前端的绝缘层削去，然后将线芯与带线绑扎牢固，使绑扎处形成一个平滑的锥形过渡部位。

（3）管内穿线：拉线不可用力过度，造成电线受损和断心，不同用途的线不得穿入同一管内。

（4）导线连接：根据连接设备选用相应的连接端子。压接水晶头一定按着国际标 T568A 或 T568B 方式，分清线的色标，压接牢固，压接完毕后进行测试（网线压水晶头、光纤连接由专业网络公司负责连接安装）。

4. 工具

尖嘴钳、剥线钳、压线钳、一字改锥、十字改锥、电工刀、人字梯、寻线器。

5. 工种

水电工。

6. 质量标准

弱电线穿线及连接检查项目、质量标准、检验方法如下：

序号	项　目	质量标准	检验方法
1	弱电线类别	符合要求	目测
2	单路弱电线长度	不大于100m	尺量

7. 注意事项

（1）压接模块和水晶头时一定分清线色。

（2）压接完毕后必须测试并两端标清线号。

（3）强弱电线严禁走一个套管。弱电线中途不得剪断和连接。

5.3.5 给水（上水）改造

1. 工序介绍

1）适用范围

（1）室内冷、热给水管改造。

（2）断点改造：原房屋给水点位的管路已铺设到各用水设备，给水管道可以断点改造。即：根据设计和配置要求，借用原有给水点位的管道增加或移位变成新的给水点位。必须先对原有水路进行打压测试，确认原水路无问题时，再进行改造施工。若原水管不是 PPR 管，需要通过安全可靠的转换接头过渡连接，且转接处应明装。不同材质的水管严禁直接热熔连接。若不能保证安全转接，水路严禁采用断点改造。

（3）全部铺设新给水管：

　　① 原房给水点位只铺设到水表，未引到用水设备位置。

　　② 按客户要求（含新房、老房）所有给水管路重新铺设。

（4）给水系统：

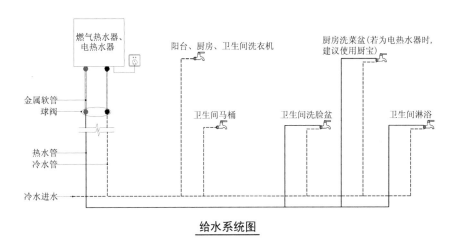

给水系统图

（5）厨房、卫生间给水点位原则：

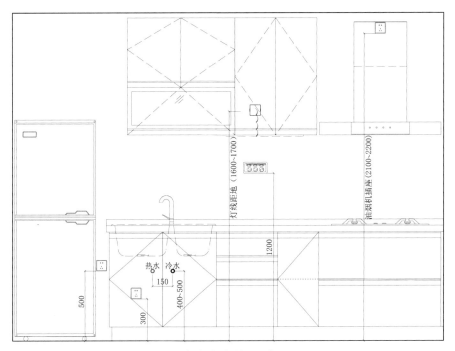

厨房水电点位原则图

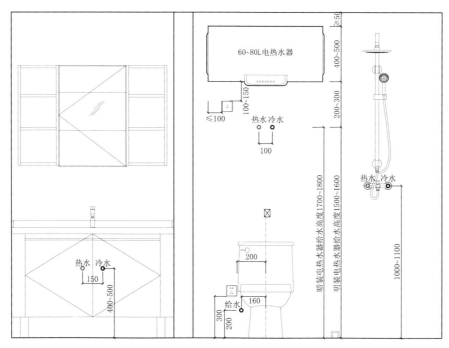

卫生间水电点位原则图

2）施工材料

ϕ20、ϕ25PPR 管及管件。

3）作业条件

（1）施工现场拆除工作已完，并清理干净。

（2）给水口位置和数量已经确定无误。

4）厨房、卫生间给水管路铺设原则：

（1）给水管优先走墙面、走顶面，横平竖直，无特殊情况禁止走地面。

（2）若室内无水表，原给水管走地面进入，在现场情况需要的前提下，给水管在地面连接，但连接后应以地面最小路径走墙面。

（3）若给水管要引至阳台或其他位置，给水管不具备走顶面条件，才允许走地面。

2. 工艺

（1）墙面切割、开槽。

（2）管路下料、铺设、熔接。

（3）管路固定。

（4）管路打压。

3. 工法

（1）墙面切割、开槽：根据墙面水管铺设的位置线，用云石机切割开槽，单管槽宽、槽深宜为 30mm。遇横向钢筋，可将钢筋打弯让管路通过，严禁切断钢筋，预制楼板不得随意剔槽打洞，地面管道区严禁开槽、打孔。

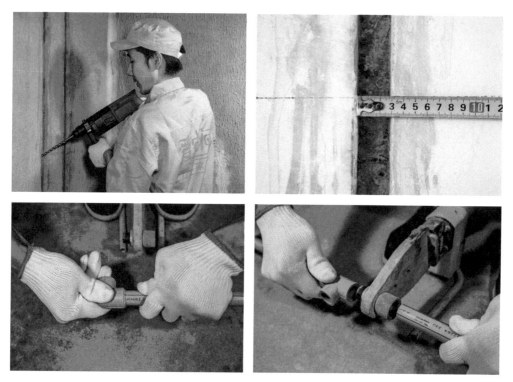

(2) 管路下料、铺设、熔接：

① 用尺量管子长度下料，注意裁口平齐，并垂直于轴线，管材、管件连接应清洁。熔接弯头或三通等有安装方向的管件时，应注意方向正确，加热后无旋转地把管插入到所标识深度，调正、调直时，管材和管件不能旋转，熔接口在同一轴线上。

② 冷热水管道平行安装时，热水管道应在冷水管道上方，垂直安装时，面对管道左热右冷。没特殊要求，管道平行间距为 150mm，预留口水平位置必须准确，且应与墙面保持垂直，距地面的水平距离一致。

③ 给水管与水表、金属管、用水设备连接时，应使用丝扣管件连接。

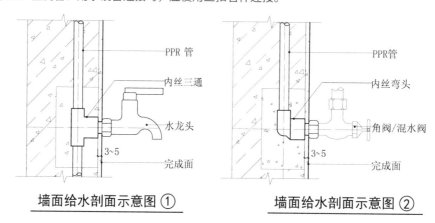

墙面给水剖面示意图 ①　　　　墙面给水剖面示意图 ②

④ 给水管道不得穿越烟道、风道、变配电间。水管穿墙处需打孔洞，洞口尺寸应大于管外径 20mm 左右。给水管道应远离明火，距炉灶外缘不得小于 400mm。

⑤ 水平管道应有 2‰～5‰ 的坡度，即 1m 长度有 2~5mm 高的坡度，坡向泄水方向。

（3）管路固定：

　　① 水管固定时，必须按不同管径匹配管卡。其位置应正确、合理，安装平直、牢固，不得损伤管材表面。采用金属吊卡，管卡与管材间应采用垫片。管卡直线间距不大于 600mm，给水管出现 90°转角或"T"形分管时，应在每侧各 150mm 处增加管卡。在给水管出水口处应加固定点。

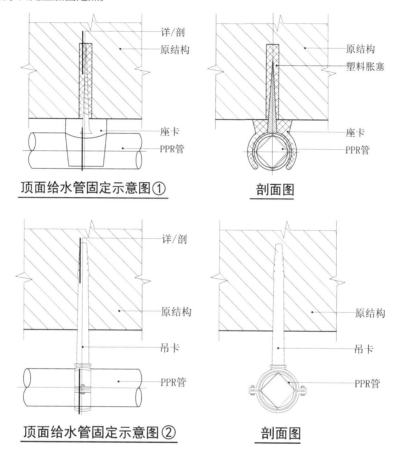

顶面给水管固定示意图①　　　　剖面图

顶面给水管固定示意图②　　　　剖面图

　　② 厨房、卫生间墙面暗铺给水管安装验收后，用 1:2 水泥砂浆填补密实。

　　③ 淋浴出水口使用连体内丝弯头，以保证冷热出口标高一致、间距准确 150mm。

④ 燃气热水器冷、热水口间距 300~400mm，电热水器冷、热水口间距 100mm。

⑤ 内丝弯头出水口与墙面垂直，距地面水平高度一致。出水口外沿应低于墙砖面 3~5mm，严禁超出瓷砖饰面。

⑥ 顶面安装冷、热水管出现交叉时，可采用调节吊卡的高度解决，也可采用加过桥弯解决，热水管在上，冷水管在下。

（4）管路打压：给水管改造完成后，进行静态打压试验，压力定标为 0.8MPa（8kg）恒压 1h。压降不大于 0.05MPa，且管线无渗漏现象为合格。

4. 工具

热熔器、电钻、电锤、切断钳、活扳子、管钳、钳子、打压泵、卷尺、红外水准仪、墨斗、云石机、角磨机。

5. 工种

水电工。

6. 质量标准

给水改造检查项目、质量标准、检验方法如下：

序号	项 目	质量标准	检验方法
1	冷热出水口水平标高	2	尺量
2	冷热出水口水平距离	±3	尺量
3	管路打压	压降不大于 0.05MPa，无渗漏	打压泵、目测

7. 注意事项

（1）剔槽不得过长、过深、过宽，混凝土墙体不得切断钢筋。

（2）热熔连接后，应自然冷却，严禁用水冷却焊接部位。

（3）施工条件温度不宜低于 5℃。

（4）厨房、卫生间顶面走水管、电管时，要求电管在上、水管在下，墙面走水管、电管时，严禁水电同槽。

（5）若原马桶后留有中水，无论是否使用中水，都必须铺设新的给水管到马桶给水点位。

5.3.6 排水（下水）改造

1. 工序介绍

1) 适用范围

（1）室内厨房、卫生间排水管道部分改造或全部改造。

（2）下层排水的厨房、卫生间改造：正常为断点改造，即根据业主要求和设计功能需求，借用原有下水点位的增加或移位成为新的下水点位。必须先对原排水管道进行通水测试，确认原排水通畅时，再进行改造施工。

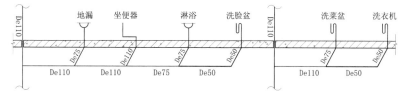

下层排水示意图

（3）同层排水的卫生间改造：排水管需要全部重新铺设，水平排水管连接后汇集到同层竖向主排水管道。

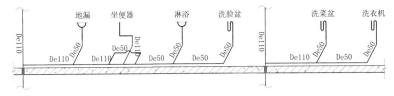

同层排水示意图

2）施工材料

UPVC 下水管与配套管件、UPVC 专用胶。

3）作业条件

（1）各排水口位置和数量确定无误。

（2）下沉式卫生间墙地面已涂刷完防水层。

2. 工艺

（1）墙地面开槽。

（2）裁管、铺设、粘结。

（3）排水管固定。

（4）下沉式排水管改造。

（5）排水管通水试验。

3. 工法

（1）墙地面开槽：墙面开槽横平竖直，地面开槽顺直，下水管断点改造从一个下水口引出另一个下水口，两点走直线。混凝土墙面严禁暗敷下水管道。地面铺设下水管，可在楼板垫层上开槽，不允许破坏楼板混凝土层。预应力楼板均不得随意开槽，地面管道区不允许开槽、打眼。

（2）裁管、铺设、粘结：尺量每段管子长度下料，注意裁口平齐，用铣刀或刮刀除掉裁口内外毛刺。粘结前应对承插口先插入试验，不得全部插入，一般为承口的 3/4 深度。试插合格后，用棉布将承插口需粘结部位的水分、灰尘擦拭干净。用毛刷涂抹粘结剂，先涂抹承口后涂抹插口，随即用力垂直插入，插入粘结时将插口稍作转动，以便粘结剂分布均匀，约 30~60min 即可粘结牢固。粘牢后立即将溢出的粘结剂擦拭干净。多口粘结时应注意预留口方向。粘结管件应平直无歪斜，保证管材与管件接口处于同一轴线上。

（3）排水管固定：待粘结固化后，地面可采用垫砖或砂浆砌筑方式固定。也可按不同管径设置管卡，其位置应正确、合理、平直、牢固，不得损伤管材表面。敷设在开槽中的排水管应用水泥砂浆固定。排水管道安装好后，应及时用橡胶堵塞封堵严密。

（4）下沉式卫生间的排水（同层排水）改造：在下水管铺设前，墙地面先满刷防水 2 遍，墙面涂刷高度应高出回填层高度 100mm。下水管全部重新铺设应横平竖直。从排水竖向主管的水平预留口，通过变径、管件引出所需的各排水口，每个下水管与地面相交处应加返水弯，避免下水管返味。重新铺设的排水管两侧需要用轻体砌块砌地垄固定。除正常布置排水口外，可以单独引出一路 50mm 的下水管作为暗排水，其上口在回填层最低处，最低处设在房屋中间区域。用来排出渗入瓷砖粘结层中的水分。回填应使用陶粒混凝土、矿渣混凝土或其他轻质混合料，严禁使用施工垃圾回填。在回填层表面

应铺设一层 $\phi4\times150mm\times150mm$ 的钢丝网片，再用 25~30mm 厚水泥砂浆找平收面。

（5）通水试验：用盛满水的桶倒入下水管道中，通水量不小于管径的 3/4，排水通畅、接口无渗漏为合格。

4. 工具

钢锯、切割机、电锤、水平尺、卷尺、墨斗、小线。

5. 工种

水电工。

6. 质量标准

（1）排水管连接处应严密、无渗漏。

（2）排水管安装坡度标准如下：

序号	管径（mm）	标准坡度（‰）	最小坡度（‰）	检验方法
1	50	25	12	红外水准仪、盒尺检查
2	75	15	8	
3	110	12	6	

7. 注意事项

（1）下水管与管件连接时，先擦净粘结部位，两面均匀涂胶，不得漏刷，防止接口漏水。

（2）地漏安装要找好地面标高，根据房间大小制定坡度，防止地漏过高或过低。

（3）管径与原有排水管径要匹配，在卫生间单接的洗衣机排水口宜单独连接主管道，若现场不能满足单接要求，应尽量离主管道近的位置分支出洗衣机排水管，以避免洗衣机排水时从别的出水口溢水，特别是用卫生地漏排水管引洗衣机排水管时，尽量加长地漏位置与三通分支排水管的距离。

（4）排水管转弯处的支点要用砖块或水泥砂浆加固，以防松动渗漏或积水。应尽量不用或少用 90°弯头，宜多用 45°弯头和斜三通。

5.4

地面找平

1. 工序介绍

1）适用范围

（1）室内木地板基层采用冲筋带水泥砂浆找平。

（2）卫生间地面水泥砂浆找坡处理。

（3）下沉式卫生间回填后的水泥浆找平。

2）施工准备

硅酸盐水泥 P.O32.5、中砂（粒径 0.35mm~0.5mm、含泥量不大于 3%）、墙锢。

3）作业条件

（1）地面各种管线已做完且验收合格。

（2）地面找平完成面水平线已弹完。

2. 工艺

（1）基层处理。

（2）冲筋带。

（3）铺水泥砂浆层。

（4）表面收平、压光。

（5）养护。

（6）卫生间挡水台。

3. 工法

（1）基层处理：先将基层上的灰尘扫掉，用钢丝刷和錾子除净、剔掉灰浆皮和灰渣层。

（2）找标高弹线：根据墙上的 1000mm 水平线，往下量出找平层的完成面，弹线在墙上。

（3）洒水湿润：用喷壶或辊子在地面基层均匀洒（滚）一遍水。

（4）设置冲筋带：根据房间四周墙上弹的基层完成面水平线，确定地面找平厚度（不应小于 20mm）。先按基层水平线的位置，在房间四面的墙边做水泥砂浆冲筋带，冲筋带宽度 50~60mm。以墙边长向的冲筋带为基准，冲筋带间距为 1500~2000mm，所有冲筋带要相交围成一整体。

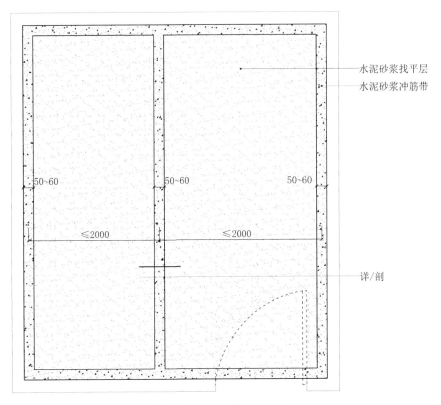

水泥砂浆找平层

水泥砂浆冲筋带

50~60   50~60   50~60

≤2000   ≤2000

详/剖

水泥砂浆冲筋带布置图

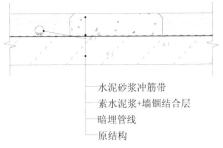

水泥砂浆冲筋带

素水泥浆+墙锢结合层

暗埋管线

原结构

冲筋带剖面图

（5）搅拌水泥砂浆：水泥砂浆的体积比宜为 1 ∶ 3，稠度适中，搅拌应充分、均匀。

（6）刷水泥浆结合层：在铺设水泥砂浆之前应在地面涂刷一层水泥素浆加墙锢作为结合层，按找平房间为单位涂刷。

（7）铺水泥砂浆层：涂刷水泥浆之后紧跟着在冲筋带之间的区域，把现场调拌好的水泥砂浆均匀铺灰，并用木刮杠按冲筋带刮平。

（8）抹子搓平：铝合金刮杠刮平后，立即用抹子搓平，从内向外退着操作，并随时用 2m 靠尺检查其平整度。

（9）抹子压光：抹平后，用抹子压光，直到出浆为止。如果砂浆表面有泌水现象，可均匀撒一遍干水泥和砂的拌和料，比例按 1 ∶ 1 调配，砂子要过 3mm 筛子。再用抹子用力抹压，使干拌料与砂浆紧密结合为一体，吸水后用抹子压平。

（10）养护：地面压光完成 24h，洒水养护，保持湿润，养护后达到抗压强度达 1.2MPa（上人无脚印）才可上人，正常是隔一天上人施工。

（11）卫生间挡水台：卫生间以地漏为最低点，从门口墙边向地漏方向用水泥砂浆按 1% 找坡，即：距离 1000mm 坡度高差 10mm。门口墙边处起 10mm 高挡水台，宽度同墙厚，长度同洞口宽度。

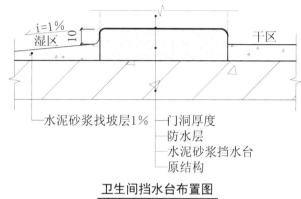

卫生间挡水台布置图

4. 工具

木抹子、铁抹子、铁锹、小水桶、刷子、扫帚、2m 靠尺、红外水准仪。

5. 工种

找平工。

6. 质量标准

地面砂浆找平检查项目、质量标准和检验方法如下：

序号	项目	允许偏差 (mm)	检验方法
1	标高	3	水准仪、尺量检查
2	表面平整度	3	用 2m 靠尺和塞尺检查
3	空鼓	空鼓直径 ≤ 50mm、空鼓率 ≤ 5%	检测锤敲击检查
4	面层无起砂和裂缝	无起砂、细小裂纹	观察

7. 注意事项

（1）严禁混用不同品种、不同标号、不同厂家的水泥。出厂日期超过三个月必须复检，合格后方可使用。

（2）地采暖回填层应直接做好找平收光，地面平整度误差控制在 3mm/2m 之内。

（3）地面垫层厚度超过 60mm 时，应分两步施工，先做 30~40mm 的陶粒（轻质）混凝土垫层，然后做一遍 20~30mm 水泥砂浆找平层。

（4）基层应清理干净，洒水湿润透，配合比应准确。找平后的养护要充分，控制好上人时间，否则容易引起空鼓、开裂、起砂等问题。

（5）门口处应留置 8~10mm 左右伸缩缝，防止水泥砂浆自身膨胀产生的裂缝。

5.5

瓦工工程

5.5.1 砌筑隔墙 / 包下水管道

1. 工序介绍

1）适用范围

厨房、卫生间新建砌筑隔墙、轻体砖砌筑包下水主管。

2）施工材料

硅酸盐水泥 P.O32.5、中砂、轻体砌块 600mm×240mm×50mm（包下水管道）、600mm×240mm×100mm（新建隔墙）、ϕ8 拉爆、ϕ8 通丝。

3）作业条件

（1）新建非承重墙体与原墙体连接部位的基层清理干净。

（2）砌筑位置、轻体砌块浇水湿润完毕。

2. 工艺

（1）基层处理。

（2）拉结筋。

（3）错缝砌筑。

（4）门洞口过梁。

（5）顶部斜砌。

（6）卫生间加地台。

3. 工法

1）放隔墙位置线

（1）砌体施工前，依据图纸放出砌体边线和洞口线，墙面每层砖的砌筑线。

（2）与原墙体连接处沿墙高每 500mm 标出拉结筋与墙体的固定点。

2）搅拌砂浆

水泥砂浆的体积比宜为 1∶3，应随拌随用，拌制后应在 3h 内使用完毕，如气温超过 30℃，应在 2h 内用完，严禁用隔夜砂浆。

3）砌筑墙体

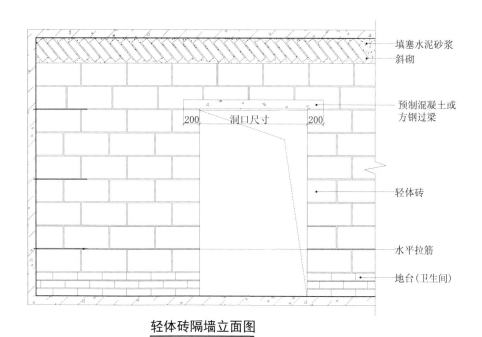

填塞水泥砂浆
斜砌

预制混凝土或
方钢过梁

200　洞口尺寸　200

轻体砖

水平拉筋

地台(卫生间)

轻体砖隔墙立面图

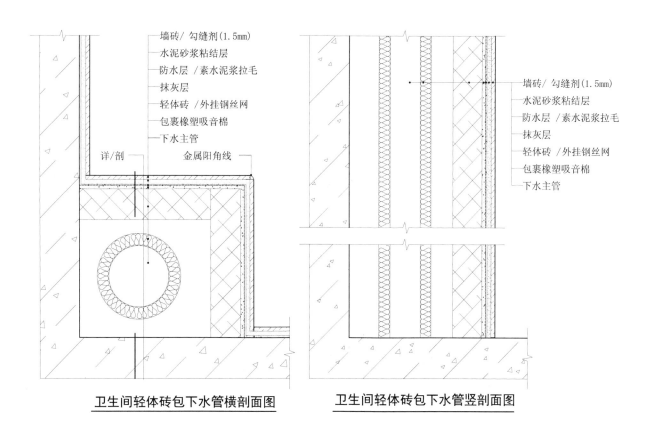

墙砖/勾缝剂(1.5mm)
水泥砂浆粘结层
防水层/素水泥浆拉毛
抹灰层
轻体砖/外挂钢丝网
包裹橡塑吸音棉
下水主管

详/剖　　金属阳角线

墙砖/勾缝剂(1.5mm)
水泥砂浆粘结层
防水层/素水泥浆拉毛
抹灰层
轻体砖/外挂钢丝网
包裹橡塑吸音棉
下水主管

卫生间轻体砖包下水管横剖面图　　　　**卫生间轻体砖包下水管竖剖面图**

（1）用轻体砌块砌筑墙体时，墙底应清理干净，洒水湿润。新建隔墙与原墙体相交时，应铲除与原墙相交处的找平层至结构基层，并把原结构基层进行凿毛处理。

（2）卫生间隔墙应先做地台（红砖或混凝土）高150~200mm，砌块上下错缝搭砌，交接处咬槎搭砌，砌块搭砌长度不小于砌块长度的1/3，掉角严重的砌块不应使用。

（3）轻体砌块使用水泥砂浆砌筑，水平灰缝为10mm，竖向灰缝为10mm，要求灰缝饱满，不得有透明缝、瞎缝，随砌随将砖缝挤出砂浆清除。每皮砌块均需拉水平线，灰缝要横平竖直，严禁用水冲浆灌缝。

（4）沿墙高每格 500mm，设置 2 根 φ8 通丝作为水平拉结筋，拉筋长度 1000mm。

（5）拉结筋与原结构墙体连接采用 φ8 拉爆配通丝作为水平拉结筋。

（6）门窗洞口上方设置过梁：与墙同厚的钢筋混凝土预制梁，梁长为洞口宽度加 400mm，梁高 120mm。或使用镀锌方钢。方钢长度同上，高度不低于 100mm，壁厚不低于 2mm。严禁使用木方子当过梁。

（7）隔墙与顶部相连接处采用砌块斜砌方式，填充密实饱满，严禁留缝隙。

（8）厨房、卫生间洞口加墙垛，加垛宽度不大于 50mm 时，采用水泥砂浆分层挂网抹灰，加垛宽度大于 50mm 时，采用砌轻体砖加拉结筋。严禁使用木工板和石膏板做墙垛。

4. 工具

切割机、电锤、筛子、大桶、平锹、铁抹子、水平尺、灰槽、笤帚、錾子、锤子、小白线、小灰铲、托灰板、线坠、盒尺、钉子、铅笔、2m靠尺、红外水准仪。

5. 工种

瓦工。

6. 质量标准

砌块隔墙检查项目、质量标准和检验方法如下：

序号	项 目	允许偏差（mm）	检验方法
1	位置偏移	5	尺量
2	垂直度	5	用2m托线板或吊线、尺量
3	表面平整度	5	用2m靠尺和楔形塞尺
4	灰缝饱满度	≥90%	百格网检查块材底面砂浆的粘结痕迹面积

注意：轻体砌块避免发生过度浸泡现象。

7. 注意事项

（1）搬运物料经过门口等处时注意不得磕碰墙角、墙面。

（2）高度作业超过2m应搭设脚手架或使用高凳，先检查确认牢固后才可使用。

5.5.2 墙面水泥砂浆找平

1. 工序介绍

1）适用范围

（1）厨房、卫生间原水泥基墙面误差大、基层差铲除后重新砂浆找平。

（2）新砌轻体隔墙表面水泥砂浆抹灰找平。

2）施工材料

硅酸盐水泥P.O32.5、中砂（粒径0.35mm~0.5mm、含泥量不大于3%）、钢丝网（16#~18#，孔距10mm×10mm）。

3）作业条件

（1）墙面开槽铺设的管线完毕且验收合格，槽内已用砂浆填平。

（2）基层表面油渍、灰尘、污垢清除干净，应提前浇水均匀湿润。

2. 工艺

（1）基层处理。

（2）拉毛。

（3）打点、冲筋。

（4）挂钢丝网。

（5）抹灰找平。

（6）养护。

3. 工法

（1）基层处理：原墙面找平层的空鼓部分剔除干净，清除墙面上的浮灰、油污等其他妨碍粘结的杂物。

（2）润湿：施工前进行淋水润湿墙面。

（3）打点、冲筋：

①用红外线测出墙面误差最高点，以最高点为基点冲筋打点，最高点的灰饼厚度不应低于15mm。横向离顶离地、竖向离墙的距离200mm起做灰饼，大面墙的横向、竖向的灰饼间距不超过2000mm，灰饼大小宜为50mm×50mm。

②冲筋：在上下两块灰饼间冲竖筋，用靠尺刮平。

③拉毛：新建砌筑隔墙表面应满刷墙锢一遍；表面光滑的混凝土墙面需用水泥素浆加墙锢做拉毛处理。

④搅拌砂浆：水泥砂浆的体积比宜为1:2.5~3，加适量水搅拌均匀。

⑤抹灰找平：

抹灰时分层进行找平，每遍水泥砂浆的抹灰厚度为5~8mm，一般抹灰厚度不应超25mm，新砌筑的隔墙两面和包管道需要满挂防裂钢丝网（16#~18#，孔距10mm×10mm）。其他情况墙面抹灰，应先预计抹灰总厚度，厚度超过25mm时，应先满挂防裂钢丝网。新建墙体与原墙体相交处必须挂钢丝网加强防裂处理，每侧延展宽度不小于100mm。

用刮杠刮平，用木抹子搓平。

⑥养护：正常抹灰完成 1~2 天后，进行洒水养护。

4. 工具

刮杠、木抹子、铁抹子、喷壶、铁锹、小水桶、长把刷子、扫帚、錾子、锤子、2m 靠尺、红外水准仪。

5. 工种

瓦工。

6. 质量标准

墙面水泥砂浆找平检查项目、质量标准和检验方法如下：

序号	项　　目	允许偏差（mm）	检验方法
1	立面垂直度	3	用 2m 靠尺和塞尺
2	表面平整度	3	用 2m 靠尺和塞尺
3	阴阳角方正	3	用 200mm×130mm 直角检测尺
4	抹灰层与基层之间粘结牢固，无空鼓、无脱落	无	检测锤敲击
5	抹灰层面层无起砂和裂缝	无	观察

7. 注意事项

（1）严禁混用不同品种、不同标号、不同厂家的水泥。出厂日期超过三个月必须复检，合格后方可使用。

（2）抹灰层未充分凝结硬化前，防止水冲、撞击，以免破坏墙面影响强度。

（3）线管、线盒、预留洞口应采取保护措施，防止施工时灰浆堵塞。

5.5.3 涂刷防水

1. 工序介绍

1）适用范围

卫生间墙面、地面涂刷防水层。

2）施工材料

双组分聚合物防水涂料（参考用量：$2kg/1mm/m^2$）。

3）作业条件

（1）基层平整、坚固、无凹坑、无尖锐凸起、无起皮、无油污。

（2）墙面水电布管、穿线完成，暗槽封堵密实，与墙面平齐。

（3）地面水泥砂浆找坡、过门石处挡水台已完成。

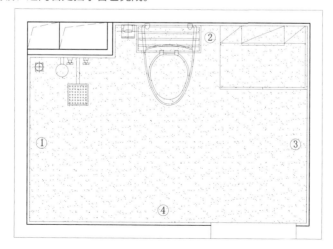

卫生间墙面防水索引图

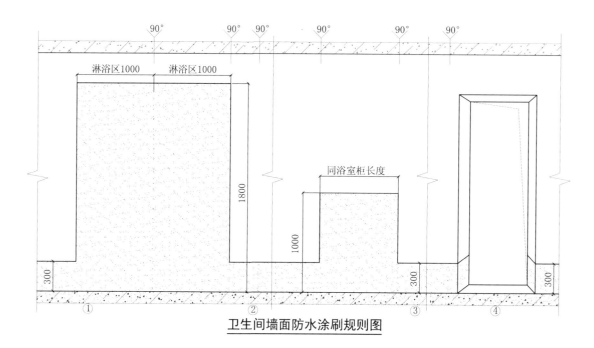

卫生间墙面防水涂刷规则图

2. 工艺

（1）基层清理。

（2）阴角、管根、地漏加强处理。

（3）十字交叉涂刷。

（4）挡水台涂刷防水。

3. 工法

（1）基层清理：基层清理不得有浮尘、杂物、明水，并随时保持基面清洁卫生。

（2）弹线：在非淋浴区的墙面，离地面 300mm 的高度弹水平线，浴室柜区的墙面，离地 1000mm 的高度弹水平线，宽度同地柜长度。在淋浴区的墙面，左右宽度 1000mm 处弹竖向，离地 1800mm 的高度弹水平线。

（3）涂刷清水：若基层潮湿，可不涂刷清水，直接涂刷防水。若基层干燥，在涂刷防水之前，要先用滚子沾水均匀涂刷基层 1~2 遍，使基层吸水饱和，但基层表面不能有明水和积水。

（4）混合搅拌：防水为 A、B 组，使用前，把 A、B 组混合，搅拌均匀即可。

（5）涂刷防水砂浆：

① 在阴阳角、管根、地漏及地面有开槽部位，先用刷子涂刷 1~2 遍防水，做加强处理。阴阳角、开槽部位的两侧涂刷宽度及管根、地漏周边涂刷宽度长度均不少于 100mm。

② 应先用刷子沿着弹线位置涂刷平齐，大面再用刷子或辊子满面涂（滚）刷两遍。地面涂刷顺序由里向外，墙面涂刷顺序由上至下。第一遍先横向涂刷，每道涂刷之间要有交叉，且涂刷均匀、严密、不漏刷。当第一遍涂刷完成，固化并产生足够强度后（约 2h 左右，防水层表面用手摸有硬度感），再进行第二遍施工，第二遍涂刷方向与第一遍垂直。第二遍纵向涂刷，涂刷要求同第一遍。

③ 非淋浴区墙面防水涂刷高度 300mm，卫生间洞口侧立面也应涂刷 300mm 高防水。浴室柜区墙面防水涂刷高度 1000mm，淋浴区防水层的涂刷高度为 1800mm。

（6）闭水试验：地面防水层施工完毕，待防水层干燥后（约 4~6h）做闭水试验。闭水时间不小于 24h，蓄水前临时堵严地漏或排水口部位，做好门口挡水围栏，蓄水高度为 20~30mm，确认无渗漏后再做下道工序。

4. 工具

搅拌器、滚刷、刷子、壁纸刀、剪刀、刮板、小塑料桶。

5. 工种

瓦工。

6. 质量标准

涂刷防水检查项目、质量标准和检验方法如下：

序号	项目	质量标准	检验方法
1	涂刷高度	符合要求	尺量
2	涂膜	均匀、不露底、无破损	观察
3	闭水试验	楼下、墙角无渗漏	观察

7. 注意事项

（1）配好的浆料应在 0.5h 内用完，严禁加水。

（2）涂刷防水砂浆时第一遍与第二遍之间的时间间隔不应过长，应在第一层已固化并产生足够强度后立即进行第二层的施工。

（3）不适用基层：基层如含有石膏会导致防水层与基面分离。不适用石膏板基层、风化析盐的基层、石膏类批覆其层。

（4）施工温度应在 5~35℃之间。

5.5.4 墙面铺贴瓷砖

1. 工序介绍

1）适用范围

厨房、卫生间、阳台墙面采用水泥砂浆湿贴陶土釉面砖。

2）施工材料准备

硅酸盐水泥 P.O32.5，中砂（粒径 0.35~0.5mm）、墙锢、饰面砖（瓷砖、马赛克）、勾缝剂。

3）作业条件

（1）墙面暗埋的管线安装完毕且验收合格，墙面废弃孔洞堵塞密实，基层清理干净。

（2）根据现场实际情况，预排砖方案确认。

（3）卫生间墙面防水已涂刷完毕。

4）门窗洞口排砖规则：

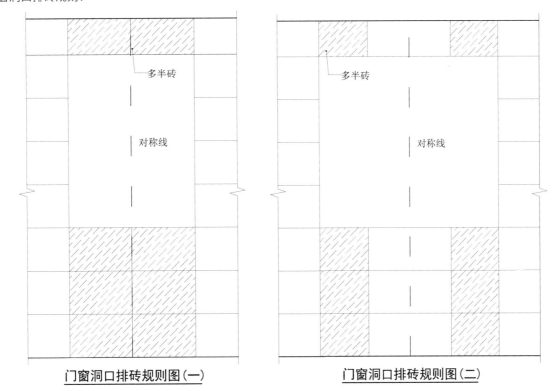

门窗洞口排砖规则图（一）　　　　　　门窗洞口排砖规则图（二）

2. 工艺

(1) 基层处理。

(2) 打点、冲筋。

(3) 开孔套切。

(4) 阳角护角。

(5) 墙砖压地砖。

(6) 勾缝。

3. 工法

(1) 基层处理

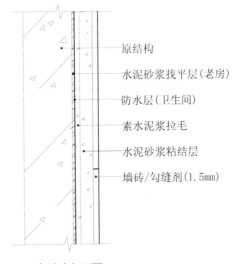

原结构

水泥砂浆找平层(老房)

防水层(卫生间)

素水泥浆拉毛

水泥砂浆粘结层

墙砖/勾缝剂(1.5mm)

墙砖剖面图

① 混凝土基层:将凸出墙面的混凝土剔平,表面光滑的要凿毛,或用掺墙锢的水泥细砂浆做拉毛。基层表面尘土、污垢清扫干净,用笤帚蘸砂浆扫到墙上,或用滚筒在墙面滚刷。墙面拉毛浆要均匀,水泥:细砂:墙锢体积比 = 1:1.5:0.6。

② 水泥砂浆基层:将基层表面浮灰清扫干净淋水润湿,表面光滑的要凿毛或用掺墙锢的水泥细砂浆做拉毛。

(2) 放线、排砖、打点

① 根据排砖图纸及墙面尺寸进行横竖向排砖。同一墙面上的饰面砖,均不应小于 1/3 整砖,非整砖应排在次要部位,如窗间墙或阴角处等,并注意一致或对称。根据排砖的位置在墙面上弹垂直及水平控制线。

② 用废瓷砖贴标准点,用水泥砂浆贴在墙面上,控制瓷砖的表面垂直度及平整度。

（3）选砖：长、宽、厚误差不得超过 ±1mm，平整度误差不得超过 ±0.5mm。外观有裂缝、缺棱掉角、色差、表面有缺陷的饰面砖挑出不用。

（4）泡砖：粘贴前要将瓷砖背面擦拭干净，切割砖背面的白色石粉清除干净。放入净水中浸泡 2h 以上，取出晾干表面待用，瓷质砖等吸水率低的瓷砖浸泡时间可适当减少。

（5）贴墙砖：卫生间先铺地砖，后铺墙砖，厨房先铺墙砖，后铺地砖，均为墙砖压地砖。墙砖铺贴顺序是自下而上，一排排完成。以铺完的地砖为基准，根据墙面误差情况，定出墙砖完成面的位置，在每面墙两端做好打点冲筋，在冲筋点的外皮拉水平通线作为粘贴基准。在瓷砖背面铺 15mm 左右的水泥砂浆粘结层，贴上墙用灰铲柄轻轻敲打使之附线，再用开刀调整竖缝，并用小杠通过标准点调平整度和垂直度。遇有卡件、管子、暗盒等应套割准确，出水口处应使用开孔器开孔。粘到瓷砖表面的水泥砂浆要及时清理干净。随贴随用水平尺检查平整度和垂直度。水泥和砂子的体积比为 1∶2~2.5，加适量水和墙锢搅拌均匀，墙锢占水比重的 20% 左右。

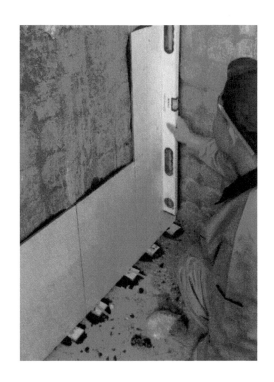

（6）阳角护角线：厨房、卫生间的竖向阳角、窗口四周阳角应安装阳角护角线。若瓷砖和涂料相交处不包套线，要安装阳角线过渡。

（7）在下水立管的检修口处安装可开启铝合金的检修口。

（8）勾缝：墙砖铺贴完 24h 后可进行勾缝，用橡胶刮板把调好的勾缝剂刮在砖缝上，砖缝里要刮满、刮实、刮严，再用棉丝和擦布将表面擦净。砖缝处理完毕用干净的棉丝把瓷砖表面再擦拭一遍，确保瓷砖表面干净。

（9）贴管线标识：厨房、卫生间墙砖勾缝完成后，在水电管线位置粘贴管线提示贴，贴标识的位置严禁打孔。

4. 工具

推拉刀、角磨机、筛子、大桶、平锹、灰槽、笤帚、錾子、锤子、小白线、擦布或棉丝、开刀、勾缝刮板、勾缝托板、线坠、盒尺、铅笔、2m 靠尺、水平尺、红外水准仪。

5. 工种

瓦工。

6. 质量标准

墙砖检查项目、质量标准和检验方法如下：

序号	项 目	允许偏差（mm）	检验方法
1	立面垂直度	2	用 2m 垂直检测尺检查
2	表面平整度	3	用 2m 靠尺和塞尺检查
3	阴阳角方正	3	用 200mm×130mm 直角检测尺
4	接缝直线度	2	用红外水准线，用钢直尺检查
5	接缝高低差、宽度	0.5	用钢直尺和塞尺检查
6	空鼓率	单块边角空鼓，不超该砖的 10%，不超过铺贴数量的 5%	用响鼓槌敲击、百格尺检查

7. 注意事项

（1）非整砖宜安排在不明显处且不宜小于 1/3 整砖。

（2）墙面凸出物周围的饰面砖应采用整砖套割吻合，尺寸正确，边缘整齐。

（3）若老房厨卫拆除后，基层坑洼较多，且偏差较大，超过 30mm，不应在基层表面直接贴砖。应先用水泥砂浆找平后再进行铺贴。以避免砂浆层过厚，容易产生空鼓、脱落。

（4）墙面水泥砂浆的配比要准确，稠度要适宜，砂子含泥量不能过大，要加入适量的墙锢以增加粘结力。

5.5.5 地面铺贴瓷砖

1. 工序介绍

1）适用范围

（1）厨房、卫生间、客厅、餐厅地面采用水泥砂浆干铺法。

（2）厨房、卫生间地面选用陶土釉面砖，客厅、餐厅地面选用全抛釉砖。

2）施工材料

硅酸盐水泥 P.O32.5、专用勾缝剂、中砂（粒径 0.35mm~0.5mm、含泥量不大于 3%）、墙锢、地砖。

3) 作业条件

（1）预埋在地面内各种管线做完并验收。

（2）根据现场实际情况，预排砖方案确认。

（3）四周墙面 1000mm 水平控制线已弹线完毕。

（4）卫生间地面防水涂刷完毕，且闭水试验合格。

4) 厨房、卫生间地面排砖规则：

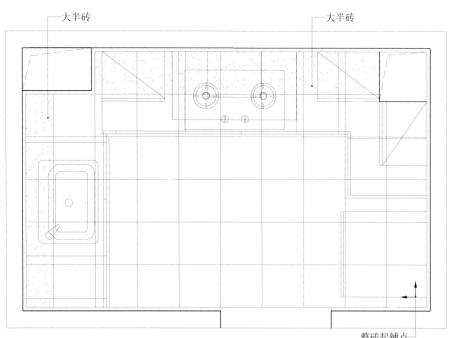

大半砖　　　　　　　　大半砖

整砖起铺点

排版原则:1.大半砖为≥1/3砖;2.橱柜端不分大小半砖;3.外露端头半砖≤1/3砖时,与相邻砖均分。

厨房地砖排版规则图

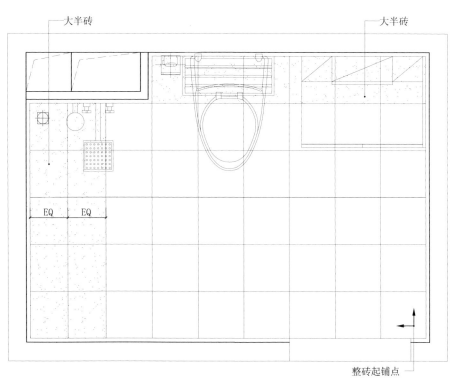

大半砖　　　　　　　　大半砖

EQ　EQ

整砖起铺点

排版原则:1.大半砖为≥1/3砖;2.外露端头半砖≤1/3砖时,与相邻砖均分。

卫生间地砖排版规则图

2. 工艺

（1）基层处理。

（2）地面扫浆。

（3）水泥砂浆干铺。

（4）地漏八字坡。

（5）地漏防臭安装。

3. 工法

（1）基层处理：将混凝土基层上的杂物清理干净，并用錾子剔掉砂浆落地灰，用钢丝刷刷净浮浆层。

（2）放线：

　　① 找标高、弹线：根据墙上 1000mm 水平标高控制线，往下测量面层标高，并弹在墙上。

　　② 弹铺砖控制线：预先根据砖块规格尺寸，确定缝隙宽度，正常都在 1.5~2mm。在房间分纵、横两个方向排尺寸，当尺寸不足整砖倍数时，将非整砖用于边角处，横向平行于门口的第一排应为整砖，将非整砖排在对面靠墙位置。纵向（垂直门口）从明显处一侧墙起整砖向对面墙留半砖。根据砖数和缝宽，在地面上弹纵、横控制线。（一般每隔 4 块砖弹一根控制线）

　　③ 根据地面铺砖控制线，贴标准点，以控制地砖标高和平整度。

（3）选砖：长、宽、厚误差不得超过 ±1mm，平整度误差不得超过 ±0.5mm。外观有裂缝、缺棱掉角、色差、表面有缺陷的饰面砖挑出不用。

（4）泡砖：瓷砖粘贴前要将瓷砖背面擦拭干净，切割砖背面的白色石粉清除干净。放入净水中浸泡 2h 以上，取出晾干表面待用，瓷质砖等吸水率低的瓷砖浸泡时间可适当减少。

（5）铺砖：应从门口开始，纵向先铺 1~2 行砖，以此为标筋拉纵横水平标高线，铺时应从里向外退着操作，人不得踏在刚铺好的砖面上，每块砖应跟线，操作程序是：

　　① 扫浆：先在地面均匀洒水湿润，满涂刷素水泥浆，水灰比在 1：0.45 左右，加 20% 墙锢，涂刷面积不要过大，铺多少刷多少。

　　② 水泥砂浆干铺法，水泥砂浆厚度 30~40mm。水泥砂浆体积比应在 1：3~4，干硬程度以手捏成团，落地开花为宜，搅拌均匀不得有灰团，一次搅拌的水泥砂浆量不应太多，并在 2h 内用完。

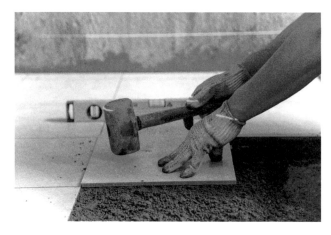

③ 铺干硬性水泥砂浆时，厚度控制在放上瓷砖时宜高出面层水平线 3~4mm。铺好后用大杠刮平，再用抹子拍实找平，铺摊面积不得过大。放上瓷砖试铺，用橡皮锤敲打至地面水平线。

④ 铺砖时，将试铺好的瓷砖背面涂刮 2~3mm 厚加墙锢的水泥素浆，背涂要均匀不遗漏，放到试铺好的位置用橡皮锤敲实，根据水平线找正、找平。一般从内退着往外铺砌，大面积施工时，应采取分段、分部位铺贴。

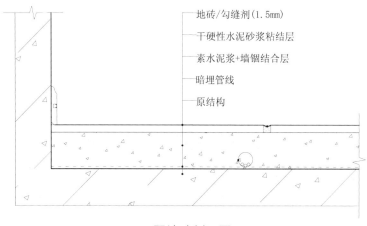

地砖/勾缝剂(1.5mm)

干硬性水泥砂浆粘结层

素水泥浆+墙锢结合层

暗埋管线

原结构

干区地砖剖面图

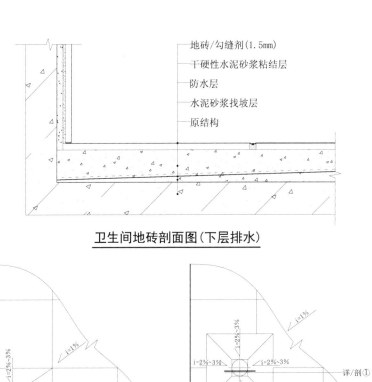

地砖/勾缝剂(1.5mm)
干硬性水泥砂浆粘结层
防水层
水泥砂浆找坡层
原结构

卫生间地砖剖面图(下层排水)

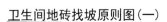

卫生间地砖找坡原则图(一)　　　卫生间地砖找坡原则图(二)

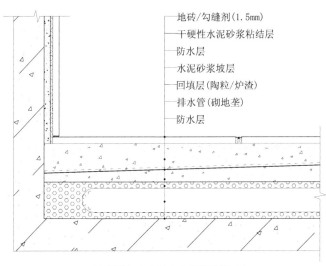

地砖/勾缝剂(1.5mm)
干硬性水泥砂浆粘结层
防水层
水泥砂浆坡层
回填层(陶粒/炉渣)
排水管(砌地垄)
防水层

卫生间地砖剖面图(同层排水)

⑤ 卫生间地漏与相连地砖的铺贴采用切"八"字坡处理,坡度加陡,应在 2%~3% 左右。

⑥ 地漏安装,保证地漏口中心与原下水管中心对齐,且地漏口应插入下水口中,避免卡住地漏内芯,影响排水速度。必须避免地漏口悬空或与下水管错位。安装时,先将内芯取出,待地漏面板安装后再将内芯置入并旋紧。固定地漏前,周围侧立面应布满水泥砂浆湿铺,确保地漏与地面粘结饱满,无空腔。移位地漏应该选用超薄款式的地漏。

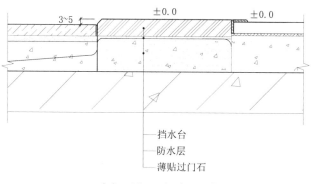

卫生间过门石标高原则图

（6）过门石安装：过门石外露阳角应磨成 2mm 小斜边，外露立面应抛光。卫生间、带地漏厨房的过门石铺贴在刷过防水的挡水台上。过门石要高于卫生间相邻地砖 3~5mm，若卫生间较小，淋浴离门很近时，过门石应适当加高。（南方城市过门石应适当调高，宜在 10~20mm，卫生间内过门石两侧可以加 50mm 宽耳朵。）避免卫生间跑水或流水溢出，也阻隔地面潮气进到门外基层的可能。其他房间的过门石要求两侧一样高。

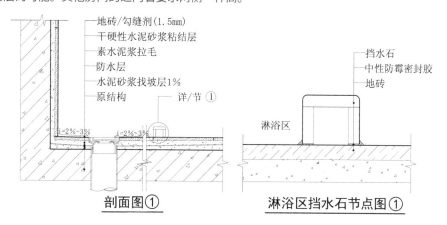

剖面图①　　　　　淋浴区挡水石节点图①

（7）踢脚板安装：踢脚板与地砖同品种同颜色，踢脚板立缝应与地面缝对齐，铺设时应在房间墙面两端头阴角处各铺贴一块砖，此砖上棱为标准挂线，砖背面涂抹素水泥浆粘贴在墙上，砖上棱要跟线并立即拍实，将挤出的砂浆及时刮掉，将表面轻擦干净。

（8）勾缝：瓷砖铺贴完 24h 后可进行勾缝，用橡胶刮板把调好的勾缝剂批刮砖缝上，砖缝里刮满、刮实、刮严，再用棉丝和擦布将表面擦净。较宽的砖缝使用塑料溜子压实、压光，砖缝处理完毕用干净的棉丝把瓷砖表面再擦拭一遍，确保瓷砖表面干净。

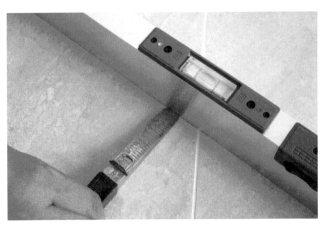

（9）养护：铺完砖 24h 后应做洒水养护。

（10）保护：地砖铺完后及时覆盖保护膜，用胶带粘结严密。

4. 工具

红外水准仪、推拉刀、角磨机、筛子、大桶、平锹、灰槽、毛刷、笤帚、錾子、锤子、小白线、擦布、开刀、勾缝刮板、勾缝托板、线坠、盒尺、铅笔、2m 靠尺、水平尺。

5. 工种

瓦工。

6. 质量标准

地面贴砖检查项目、质量标准和检验方法如下：

序号	项目	允许偏差（mm）	检验方法
1	表面平整	2	用 2m 靠尺和塞尺检查
2	缝格平直	2	红外水准仪放水平线，用钢直尺检查
3	接缝高低差	0.5	用钢直尺和塞尺检查
4	踢脚线上口平直	2	红外水准仪放水平线，用钢直尺检查
5	板块间隙宽度	2	用钢直尺检查
6	空鼓率	无	用响鼓锤敲击
7	淋浴地面坡度	向地漏坡度 1%、不积水	用 2m 靠尺和塞尺

7. 注意事项

（1）地砖铺贴完成后，最少 24h 后才可上人，避免上人过早导致空鼓。

（2）踢脚板位置的墙面应事先找顺直，避免踢脚板的出墙厚度不一致，影响饰面美观。

（3）卫生间地漏处应外露、不覆盖保护膜。

5.6

木工工程

5.6.1 轻钢龙骨石膏板吊顶

1. 工序介绍

1）适用范围

卧室、客厅、餐厅、走道顶面石膏板吊顶。

2）施工材料

V37 卡式主龙骨、50 副龙骨、20 边龙骨、"F"形龙骨、9.5mm 普通石膏板、自攻钉、铆钉、ϕ8 铁胀塞、ϕ8 尼龙胀塞、顺芯板、防腐防火涂料。

3）作业条件

（1）水电路改造完成且验收合格。

（2）吸顶式的空调、新风等设备已铺设完成。

2. 工艺

（1）安装沿边龙骨。

（2）固定吊杆。

（3）安装主龙骨。

（4）安装副龙骨。

（5）安装石膏板。

（6）反光灯槽"F"形龙骨。

（7）石膏板错缝安装。

（8）石膏板"L"形拼接。

（9）石膏板平面托立面。

（10）洞口降低、加垛。

3. 工法

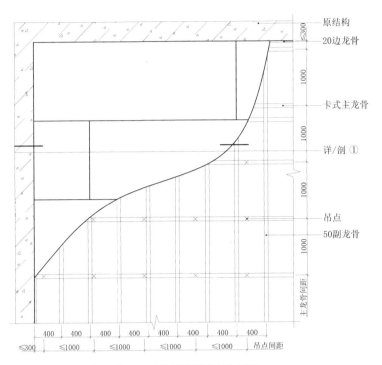

轻钢龙骨石膏板平面吊顶布置图

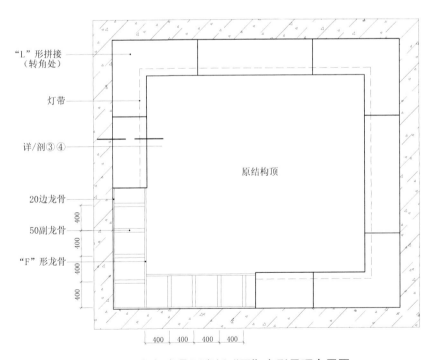

轻钢龙骨石膏板"回"字形吊顶布置图

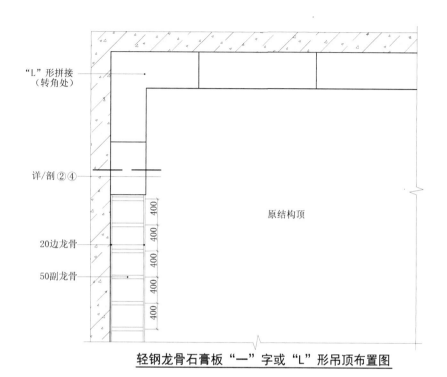

"L"形拼接
（转角处）

详/剖②④

原结构顶

20边龙骨

50副龙骨

400
400
400
400
400
400

轻钢龙骨石膏板"一"字或"L"形吊顶布置图

（1）放线：

　　① 依据房间 1000mm 水平线弹出边龙骨下沿位置线。

　　② 根据吊顶平面图，在结构顶板弹出主龙骨及吊杆的位置线。主龙骨宜平行吊顶长向布置，一般从吊顶中心向两边分。吊杆、主龙骨间距为 800~1000mm，吊杆距墙边距离不大于 300mm，否则应增加吊杆。如遇到梁和管道，固定点位置可调整，但与邻近吊杆的距离不大于 1200mm。

　　③ 造型吊顶根据施工图纸放线，具体尺寸以设计方案为准。

（2）安装边龙骨：

沿墙上的水平龙骨线把沿边龙骨用尼龙胀塞固定，钉间距 300mm，龙骨端头起步固定点距离宜为 50mm，保证胀栓入墙有效固定深度不少于 40mm。

（3）固定吊杆：

　　① 吊杆用膨胀螺栓固定在顶板上，吊杆要垂直受力，吊杆应通直无弯曲。吊杆距墙边距离不得超过 300mm，否则应增加吊杆。

　　② 灯具、风口及检修口等应设附加吊杆。大于 3kg 的重型灯具、电扇及其他重型设备严禁安装在吊顶的龙骨上，应另设吊杆与结构连接。

（4）安装承载龙骨：

　　① 主龙骨应拧固在吊杆上，主龙骨间距 800~1000mm。根据吊顶跨度决定主龙骨是否起拱。房间短向跨度 ≤ 4000mm 不起拱，4000~8000mm 起拱 2‰。主龙骨的悬臂段不应大于 300mm，否则应增加吊杆。

　　② 主龙骨的接头应使用龙骨连接件对接，相邻龙骨的对接接头要相互错开。

　　③ 主龙骨的长度应与房间开间（宽度）一致。

（5）安装副龙骨：

　　① 副龙骨与卡式主龙骨连接固定，副龙骨的两端插入边龙骨，并使用拉铆钉固定。

　　② 副龙骨间距为 400mm。

　　③ 副龙骨的接头应使用龙骨连接件对接，相邻龙骨的对接接头要相互错开。

　　④ 当用自攻螺丝钉安装板材时，板材接缝处必须安装在副龙骨上。

（6）调平：主、副龙骨安装完成后，应调平吊顶全部骨架，注意起拱要求。

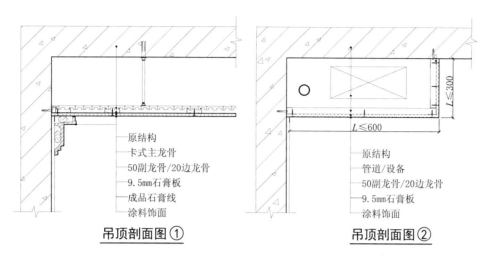

吊顶剖面图 ①　　　　　吊顶剖面图 ②

(7) 安装石膏板：

① 石膏板板面朝下，面板应在自然状态下固定，防止出现弯曲、凸鼓现象。

② 石膏板接缝处预留 5mm 左右的缝隙。造型吊顶拐角处石膏板套裁成"L"形安装。平面石膏板托立面石膏板。

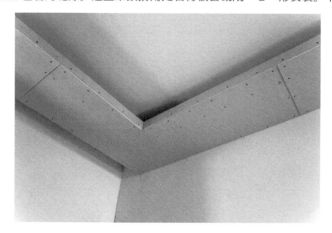

③ 自攻螺钉与板边的距离：包封边 10~15mm、切割边 15~20mm、自攻螺钉间距 150~200mm。螺钉应与板面垂直，已弯曲变形的螺钉应剔除，并在离原钉 50mm 处另安螺钉。石膏板固定时，应从一块板的中部向板的四边进行固定。

④ 螺钉头宜略埋入板面深 0.5mm，但不得损坏纸面。

⑤ 板材的开孔和切割应尺寸准确，套裁整齐，切割边无毛刺。

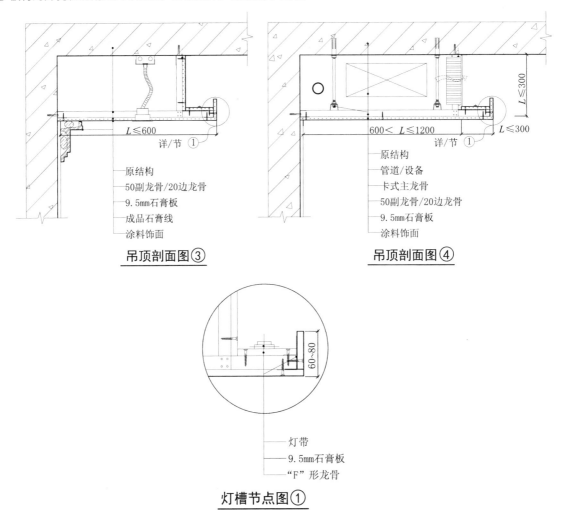

吊顶剖面图③

原结构
50副龙骨/20边龙骨
9.5mm石膏板
成品石膏线
涂料饰面

吊顶剖面图④

原结构
管道/设备
卡式主龙骨
50副龙骨/20边龙骨
9.5mm石膏板
涂料饰面

灯带
9.5mm石膏板
"F"形龙骨

灯槽节点图①

（8）门洞口降低、加墙垛：若降低高度或加垛尺寸不大于 30mm，采用加两层石膏板，且与墙体连接牢固。若降低高度或加垛尺寸大于 30mm，采用轻钢龙骨封石膏板或采用板材做骨架表面封石膏板，且与墙体连接牢固。厨房、卫生间洞口降低高度超过 50mm 时，采用轻钢龙骨封硅酸钙板。

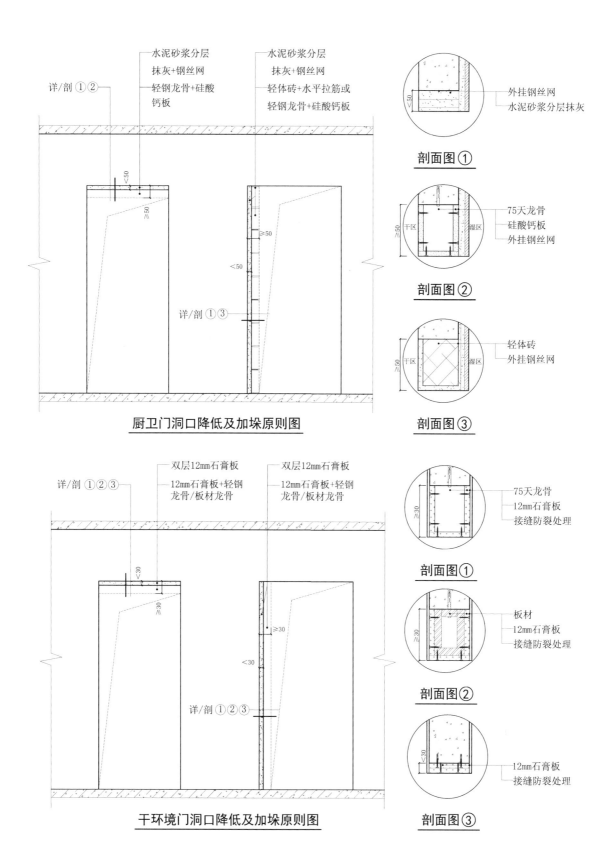

厨卫门洞口降低及加垛原则图

干环境门洞口降低及加垛原则图

4. 工具

钢材切割机（砂盘锯）、电锤、电批、电圆锯、拉铆枪、壁纸刀、板锯、靠尺、刷子、2m 靠尺、红外水准仪。

5. 工种

木工。

6. 质量标准

轻钢龙骨吊顶检查项目、质量标准和检验方法如下：

序号	项类	项目	质量标准		检验方法
1	一	吊顶标高 / 尺寸 / 造型	符合设计要求		观察和尺量检查
2	一	饰面板与龙骨连接	牢固可靠，无松动变形		观察及手扳检查
3	龙骨	龙骨平直	允许偏差（mm）	3	红外水准仪、钢直尺检查
		龙骨间距		2	尺量检查
		起拱高度		±6	拉线、尺量检查
		龙骨四周水平		2	水准仪、尺量检查
4	饰面板	表面平整		3	用 2m 靠尺和塞尺检查
		接缝直线度		3	红外水准仪，钢直尺检查
		接缝高低		1	用钢直尺和塞尺检查
		顶棚四周水平		±3	红外水准仪、尺量检查

7. 注意事项

（1）轻钢龙骨、石膏板，应分门别类码放整齐，不要在上面放重物，避免变形，放在干燥通风的房间，避免受潮、生锈。并用废板材将石膏板保护，避免缺棱掉角。

（2）石膏板安装必须在室内管道保温，试水全部工序完成验收后方可安装。

（3）保护好顶棚内各种管道及设备，吊杆龙骨不准固定在通风管道及其他设备上。

5.6.2 轻钢龙骨石膏板隔墙

1. 工序介绍

1）适用范围

客厅、卧室、餐厅、阳台、走道的新建轻钢龙骨石膏板隔墙。

2）施工材料

75mm、100mm 天地龙骨，75mm、100mm 竖向龙骨，38mm 贯通龙骨，75mm、100mm 支撑卡，卡托，角托，12mm 普通石膏板，50mm 厚覆铝箔纸玻璃丝棉或阻燃型挤塑板，50mm 厚，尼龙胀塞，膨胀螺栓，自攻钉，白乳胶。

3）作业条件

（1）现场需拆除的部位拆除清理干净。

（2）施工图纸和现场核对无误。

2. 工艺

（1）安装天地龙骨。

（2）安装竖向龙骨及贯通龙骨。

（3）安装门、窗框及附加龙骨。

（4）安装石膏板。

（5）隔墙加固处理。

（6）门窗洞口"L"形封板。

（7）隔墙保温。

3. 工法

（1）放线：隔墙与上、下及两边基体的相接处，按龙骨的宽度弹线。结合石膏板的长、宽分档，以确定竖向龙骨、横撑及附加龙骨的位置。

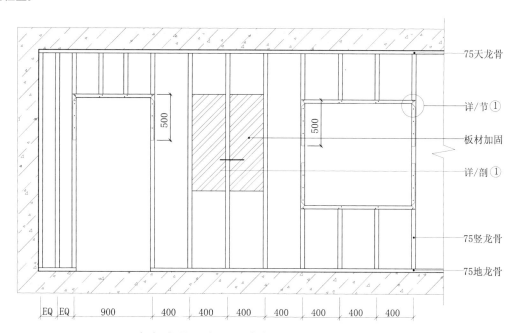

轻钢龙骨石膏板隔墙龙骨布置图

（2）安装天地龙骨及边框龙骨：

① 按已放好的龙骨位置线，安装沿顶龙骨、沿地龙骨和竖向边龙骨，用 $\phi8$ 的尼龙胀塞固定于主体墙上，有效锚固深度不小于 40mm，钉间距为 300mm，且龙骨端头起步固定点距离宜为 50mm。

② 分段的沿边龙骨不需互相固定，但是端头要紧靠在一起，龙骨对接应保持平直。

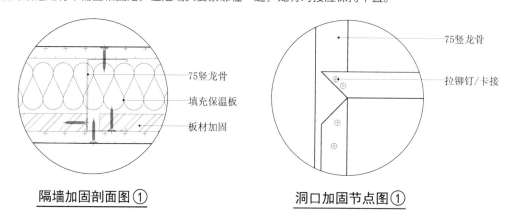

75竖龙骨
填充保温板
板材加固

75竖龙骨
拉铆钉/卡接

隔墙加固剖面图①　　　　　　　　　**洞口加固节点图①**

（3）安装竖向龙骨及穿心龙骨

① 竖向龙骨的高度应比天地龙骨腹板间的净距小 5mm。将竖向龙骨卡入沿顶、沿地龙骨时，开口方向要保持一致，上下不要倒置，以保证竖向龙骨开孔在同一水平面上。竖向龙骨裁剪后，一般裁剪的一端朝上。

② 安装竖向龙骨应垂直，竖龙骨分档间距为 400 mm。

③ 3m 以下隔墙需安装 2 道穿心龙骨，调整完竖龙骨分档尺寸后进行固定。竖向龙骨与天地龙骨连接固定部位需使用 2 颗拉铆钉或用龙骨钳对角固定，对于不能使用龙骨钳固定的部位必须使用拉铆钉固定。

④ 支撑卡安装在竖向龙骨的开口一侧，开口方向朝下卡住贯通龙骨。其他支撑卡距为 400~600mm，距龙骨两端的距离为 20~25mm。

（4）安装门、窗框及附加龙骨：

① 门洞龙骨构成：裁一根比门洞口宽度长 1000mm 的天地龙骨，使门楣天龙骨两端留 500mm 左右的距离，天地龙骨翼缘向内45°剪开并折弯，固定在门洞两侧的竖向龙骨上构成门楣。窗洞口上下龙骨都使用天地龙骨按照门洞的做法施工。

② 门窗洞口上方至少安装两根竖向龙骨，以增加门洞口的抗变形能力。隔墙的门洞口框龙骨安装完毕，在距门洞 150mm 处加一根竖向龙骨以增加门洞口的抗变形能力。

③ 石膏板水平接缝处，如不在沿顶、沿地龙骨上，应加横撑龙骨固定板缝。

（5）安装各种预埋件、各种管线：

① 对悬挂设备的龙骨应作加强处理。在悬挂设备的位置，设置平行龙骨或其他支撑构件，以便设备的固定。对于只知道大概固定范围的设备，可在龙骨内部固定板材，板材应涂刷防腐防火涂料。

② 水电工在龙骨安装完毕或施工当中和隔墙施工互不影响的情况下可进行水路施工或电路施工，贯穿龙骨的管线必须使用开孔器钻孔穿管，严禁使用切割机开方孔或切断横、竖向龙骨，各种管线施工完毕均需做隐蔽工程验收。

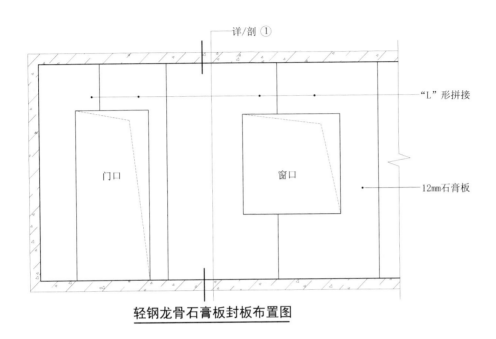

轻钢龙骨石膏板封板布置图

(6) 安装一侧石膏板：

① 石膏板宜竖向铺设，长边（即包封边）接缝应落在竖龙骨上。曲面墙所用石膏板宜横向铺设。龙骨两侧的石膏板及龙骨一侧的内外两层石膏板应错缝排列，接缝不得落在同一根龙骨上，石膏板宜使用整板。如需对接时，应紧靠但不得强压就位。

② 有门洞的墙体安装石膏板先从洞口开始，所有石膏板均应正面朝外，洞口石膏板套裁成"L"形安装，两侧石膏板接缝不允许放在同一根龙骨上，当隔墙高度大于石膏板进行竖向拼接时，两侧石膏板横向接缝必须错开。无门洞口的墙体从墙的一端开始到另一端逐板进行安装。石膏板固定时，应从一块板的中部向板的四边进行固定。石膏板与周围或柱应留有 3mm 的槽口，以便进行防开裂处理。

③ 石膏板拼缝直拼、切割边接缝留置 5mm 左右。石膏板开孔和切割应尺寸准确，套裁整齐，切割边无毛刺。

④ 自攻螺钉与板边的距离：包封边 10~15mm；切割边 15~20mm。自攻螺钉间距 150~200mm。螺钉应与板面垂直，已弯曲变形的螺钉应剔除，并在离原钉 50mm 处另安螺钉，螺钉头宜略埋入板面深 0.5mm，但不得损坏纸面。

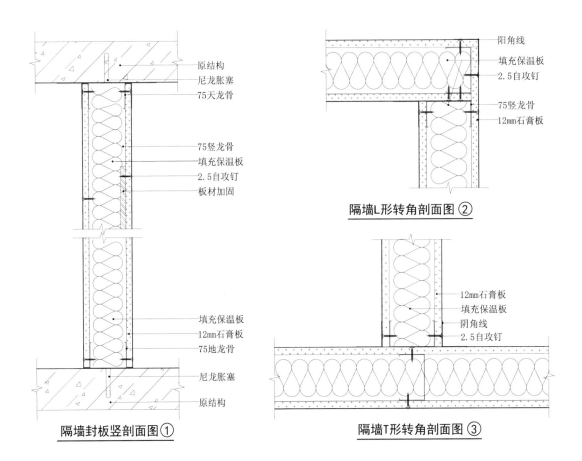

隔墙封板竖剖面图①

原结构
尼龙胀塞
75天龙骨

75竖龙骨
填充保温板
2.5自攻钉
板材加固

填充保温板
12mm石膏板
75地龙骨

尼龙胀塞
原结构

隔墙L形转角剖面图②

阳角线
填充保温板
2.5自攻钉

75竖龙骨
12mm石膏板

隔墙T形转角剖面图③

12mm石膏板
填充保温板
阴角线
2.5自攻钉

（7）填充玻璃丝棉或挤塑板：垂直安装在竖向龙骨之间，并确保填充玻璃丝棉接缝处及与轻钢龙骨之间严密无空隙，玻璃丝棉接缝可使用铝箔纸不干胶带粘贴严密。

（8）安装另一侧石膏板：安装石膏板时，应从板的中部向板的四边固定，钉头略埋入板内，但不得损坏纸面。

4. 工具

钢材切割机（砂盘锯）、电锤、电批、电圆锯、拉铆枪、壁纸刀、板锯、刷子、2m 靠尺、红外水准仪。

5. 工种

木工。

6. 质量标准

轻钢龙骨石膏板隔墙检查项目、质量标准和检验方法如下：

序号	项目	质量标准		检验方法
1	隔墙上的孔洞、槽、盒	位置正确、套割吻合、边缘整齐		观察
2	立面垂直度	允许偏差 （mm）	3	用 2m 垂直检测尺检查
3	表面平整度		2	用 2m 靠尺和塞尺检查
4	阴阳角方正		2	用 200mm×200mm 直角检测尺
5	接缝高低差		1	用钢直尺和塞尺检查
6	接缝平直		3	用红外水准仪，钢直尺检查

7. 注意事项

（1）轻钢龙骨、石膏板，应分门别类码放整齐，不要在上面放重物，避免变形，放在干燥通风的房间，避免受潮、生锈。并用废板材将石膏板保护，避免缺棱掉角。

（2）轻钢骨架隔墙施工中，各工种间应保证已安装项目不受损坏，墙内电线管及附墙设备不得碰动、错位及损伤。

5.6.3 明、暗窗帘盒制作

1. 工序介绍

1）适用范围

卧室、客厅垭口的明装、暗装窗帘盒制作与安装。

2）施工材料

20 边龙骨、50 副龙骨、尼龙胀塞、9.5mm 石膏板、拉铆枪、拉铆钉、自攻钉。

3）作业条件

（1）顶棚、墙面及地面抹灰工程完毕。

（2）施工图纸和现场核对无误。

2. 工艺

（1）安装轻钢龙骨。

（2）石膏板底面托立面。

（3）石膏板错缝。

3. 工法

（1）检查安装部位：检查窗帘盒位置、尺寸是否符合设计要求。

（2）定位与放线：根据设计要求，在实际位置弹出窗帘盒龙骨位置线。

（3）安装龙骨、石膏板：

① 窗帘盒有两种形式，一种是明装，房间没有吊顶，窗帘盒单独制作。一种是暗装，房间有吊顶，窗帘盒与吊顶连接在一起。

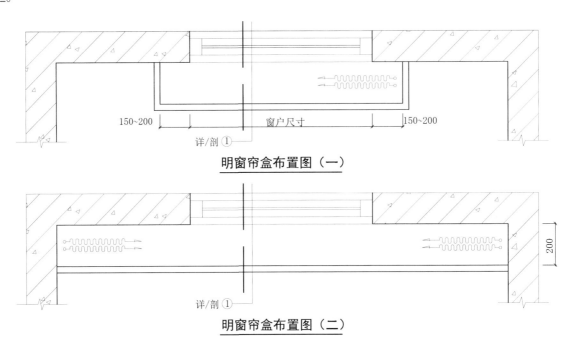

150~200　　　窗户尺寸　　　150~200

详/剖 ①

明窗帘盒布置图（一）

200

详/剖 ①

明窗帘盒布置图（二）

② 窗帘盒一般高为 150mm 左右，单杆宽度为 120mm，双杆宽度为 150mm 以上，长度最短应超过窗口宽度 300mm，窗口两侧各超出 150mm，最长可与墙体通长。

③ 明装窗帘盒用轻钢龙骨石膏板做骨架。按照顶线的位置，安装 20 边龙骨，用 φ8 的尼龙胀塞固定在楼板，间距为 300mm，龙骨两端尼龙胀塞距龙骨端头为 50mm。50 副龙骨上端头插入顶部边龙骨中，从一侧向另一侧安装副龙骨，50 龙骨面朝里、面朝外交替安装，朝里、朝外的间距分别是 600mm，副龙骨铺设完，底沿统一插入下沿边龙骨中，副龙骨插入边龙骨处用铆钉固定。龙骨骨架的里侧、外侧表面封石膏板，底面石膏板托两侧竖向石膏板。

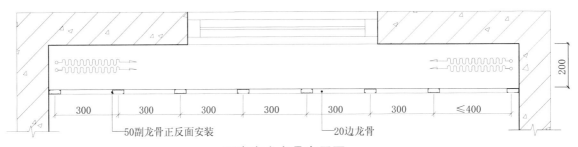

200

300　　300　　300　　300　　300　　300　　≤400

50副龙骨正反面安装　　　　　20边龙骨

明窗帘盒龙骨布置图

④ 暗装窗帘盒做法同明装窗帘盒，先做窗帘盒下挂龙骨结构，龙骨里侧封石膏板，50 副龙骨面朝里，间距 400mm，外侧无需再封石膏板。窗帘盒低沿与吊顶低沿相同，吊顶石膏板延伸至窗帘盒厚度的里侧。

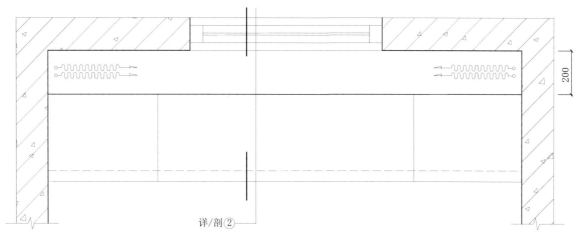

暗窗帘盒布置图（三）

⑤ 安装自攻钉、接缝处理同轻钢龙骨石膏板吊顶。

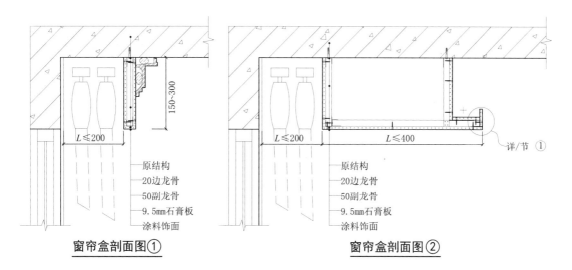

窗帘盒剖面图①	**窗帘盒剖面图②**

4. 工具

电锤、电批、壁纸刀、板锯、靠尺、刷子、2m 靠尺、红外水准仪。

5. 工种

木工。

6. 质量标准

窗帘盒检查项目、质量标准和检验方法如下：

序号	项目	允许偏差（mm）	检验方法
1	正、侧面垂直度	3	用 1m 垂直检测尺检查
2	上、下口水平度	2	用 1m 水平检测尺和塞尺检查
3	上、下口直线度	2	用红外水准仪、钢直尺检查
4	距窗洞口长度差	2	用钢直尺检查
5	两端出墙厚度差	2	用钢直尺检查

7. 注意事项

（1）石膏板与原墙顶面相交处的基层应铲除至结构基层，石膏板应直接撞在结构基层上。

（2）明装窗帘盒的竖向龙骨是正反交替安装。

5.7

油工工程

5.7.1 粉刷石膏找平

1. 工序介绍

1）适用范围

（1）客厅、餐厅、卧室、通道、阳台水泥基层或耐水腻子基层的墙顶面粉刷石膏找平。

（2）新房、老房原基层为耐水腻子，基层良好，不需要铲除。先用粉刷石膏找顶面阴角水平，竖向阴阳角顺直，大墙面局部粉刷石膏找顺平，非承重隔墙需要加防裂网格布。

（3）新房、老房原基层为普通腻子，或原基层较差，需要铲除干净。先用粉刷石膏找阴阳角顺平顺直，大墙面再满批刮粉刷石膏找顺平，墙面满铺防裂网格布。

（4）玻纤壁布涂料饰面，无需按上述要求加防裂网格布处理，但需要先处理好原墙面的裂缝、空鼓和石膏板接缝。原施工洞接缝、结构墙与轻体墙接缝、线管开槽处、石膏板接缝均无需加防裂网格布处理。当原墙面平整度误差较大，超过 5mm 时，先使用底层粉刷石膏找平，基本干燥后，表面再薄刮一层面层石膏找平。当原墙面误差较小，不大于 5mm 时，可直接使用面层石膏找平。不需批刮腻子，不需刷底漆，只需刷面漆两遍。

（5）壁纸饰面，按上述要求加防裂网格布处理。原施工洞接缝、结构墙与轻体墙接缝、线管开槽处、石膏板接缝均要单独加防裂网格布处理。底层石膏找平干燥后，批刮墙衬 2 遍、打磨平整，不需批刮面层石膏。

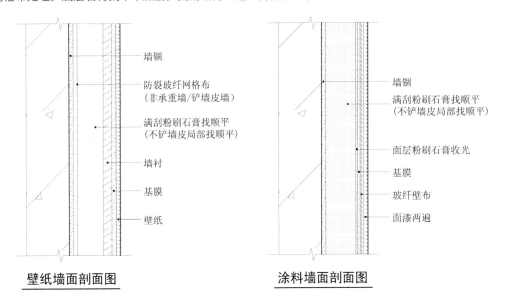

壁纸墙面剖面图　　　　　　涂料墙面剖面图

2）施工材料

底层石膏、面层石膏、抗碱网格布（网眼 4mm×4mm，130g/㎡）、墙铟、240# 砂纸。

3）作业条件

（1）原粉刷石膏层空鼓、脱落、粉化部分铲除干净。

（2）水电或其他各种管线已安装完毕，并验收合格。

（3）线槽、孔洞封堵密实。

2. 工艺

（1）基层处理。

（2）涂刷墙锢。

（3）搅拌浆料。

（4）批刮底层石膏。

（5）阴阳角加护角条。

（6）批刮面层粉刷找平压光。

3. 工法

（1）基层处理：

　　① 原裂缝开缝处理：施工洞处裂缝、承重墙与轻体墙相交处裂缝，用壁纸刀或切割机开"八"字缝，缝宽 10~15mm，进墙体缝深 10mm 左右。墙面表层不规则裂缝，用壁纸刀切开"八"字缝，宽度 10mm 左右，深度开至不裂基层。

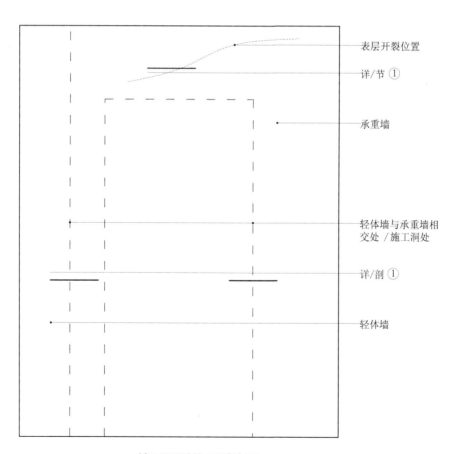

墙面开裂处理系统图

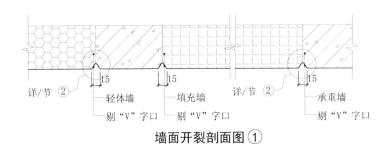

详/节 ②　轻体墙　填充墙　详/节 ②　承重墙
剔 "V" 字口　剔 "V" 字口　剔 "V" 字口

墙面开裂剖面图 ①

　　② 清理、填缝、防裂：基层清理干净，不得有浮尘、杂物等。用刷子涂刷墙锢，不漏刷，用嵌缝石膏填平、压实，表面干燥后贴防裂网格布。线槽封堵处必须贴防裂网格布。

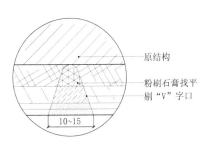

原结构
粉刷石膏找平
剔 "V" 字口

装饰层开裂节点图①

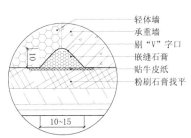

轻体墙
承重墙
剔 "V" 字口
嵌缝石膏
贴牛皮纸
粉刷石膏找平

原结构墙开裂节点图②

（2）涂刷墙锢：

　　① 涂刷黄色墙锢要均匀、不遗漏，注意不能形成局部积液。

　　② 大面积用滚筒滚涂，阴角管根用漆刷刷涂，涂刷后注意保持清洁。

　　③ 墙面空鼓部位需要铲除干净，重新补平。

（3）放线：

用红外水准仪抄测，在墙面竖向阴角上弹出直线，在顶面阴角弹出水平线。

（4）搅拌浆料：

　　① 先将适量的水倒入搅拌桶，再倒入粉刷石膏，粉料与加水比例为 1：0.2 左右。用搅拌器搅拌 2~5min，搅拌均匀，无结块为准，达到合适的稠度，静置 5min 左右，再进行第二次搅拌后使用。遇夏季高温天气粉刷石膏稠度要比正常时稀一点。

② 搅拌好的粉刷石膏应在硬化（初凝）前用完，应在 60min 之内用完。每次搅拌量不应过多，一定要在硬化前用完，使用过程不允许加水，对已硬化的粉刷石膏不得再次加水搅拌使用。

③ 墙衬对加水量较敏感，水量过大不仅出现流挂从而影响抹灰操作，同时降低抹灰层的强度。水量过小会加快凝结、缩短可使用时间，造成浪费。

（5）批刮底层粉刷石膏：

① 墙面找平找直原则：阴角、阳角、踢脚线、大墙面、顶面找平找顺直。特殊位置应找平找垂直。如：门窗洞口两侧 100mm 之内的墙面（避免安装门套后发生上下、里外大小缝）、摆放家具的后面和侧面墙体（避免安装家具后发生上下大小缝）。

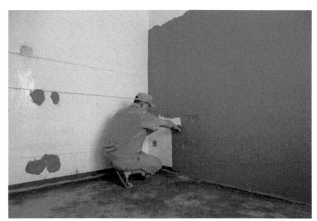

② 根据顶面阴角线、竖向阴角线，批刮底层石膏找平找顺直。踢脚处长向单独要找平找顺直。大墙面以找平找直后的阴阳角为基准，对误差较大处找平找顺直。

③ 用托灰板盛浆料，以 30°~40°的倾斜角度用抹子由左至右、由上往下将批刮粉刷石膏。随后，用铝合金刮杠紧贴面由下往上刮去多余料浆，同时补不足部分。本操作在浆料初凝前可反复多次，并配合靠尺和托线板随时调整，直至墙面平整顺直。

④ 每刮一遍底层石膏不宜超过 8mm 厚，刮下一遍石膏时要在上一层浆料初凝后方可进行，批刮总厚度不宜超过 20mm。

⑤ 对于墙面要求找平整又要找垂直的位置，应先打灰饼、冲筋，依据冲筋点（带）批刮底层石膏找平找垂直。

⑥ 若为壁纸饰面，原墙体为非承重墙时，需要满加玻纤网格布防裂处理。两块相邻网格布必须搭接处理，重叠部分不少于 50mm。墙面先批刮 3mm 底层石膏，再将玻纤网格布满铺，并用抹子压实抹平。

（6）阴阳角加 PVC 暗护角：墙面基层找平时，必须在所有阴阳角水平和竖向位置加 PVC 暗护角，以确保阴阳角完成面顺直。

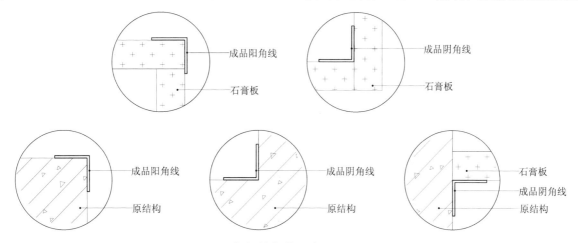

阴阳角加护角线示意图

（7）批刮面层粉刷石膏：先将面层石膏加水搅拌均匀，待底层石膏基本凝固（起硬）后，进行面层石膏的找平。用刮板在底层石膏表面上薄薄满刮 1~3mm，将粗糙的底层石膏表面填满补平。待面层石膏起硬后（约 1h），用喷壶均匀在石膏表面洒水，最后用刮板压实收平收光。

（8）验收：墙面粉刷石膏找平完后，内部需要自检。面层石膏找平后，粘贴刷漆壁布的工人需要进行交接验收，通过后才可贴壁布，若有问题，需要处理合格后才可铺贴。

4. 工具

搅拌器、托板、抹子、灰铲、铝合金刮杠、滚筒、笤帚、白线、墨斗、拌料桶、水桶、2m 靠尺、红外水准仪。

5. 工种

油工。

6. 质量标准

粉刷石膏找平检查项目、质量标准和检验方法如下：

序号	项 目	允许偏差 (mm)	检验方法
1	表面平整度	3	用 2m 靠尺和塞尺检查
2	大墙面顺直、阴阳角顺直	—	观察
3	立面垂直度（门窗洞口边 100mm 内墙面、摆放家具墙面）	3	用 2m 垂直检测尺检查
4	阴阳角方正（在无套线情况下，户门、窗、哑口阳角）	3	用 200mm×130mm 直角检测尺
5	粉刷层与基层之间粘结牢固，无脱落、无空鼓	无	检测锤敲击检查
6	粉刷层无起砂、无裂缝	无	观察

7. 注意事项

（1）袋装粉刷石膏在储存过程中，应防止受潮，如发现有结块现象应停止使用。

（2）在粉刷石膏抹灰层未凝结硬化前，应尽量封闭门窗，避免过强风通过，粉刷石膏凝结硬化以后，就应保持通风良好，以达到强度要求。

（3）安装室内门的洞口内侧严禁进行粉刷石膏找平。

（4）搅拌筒、搅拌器在每次使用后应洗刷干净，以免在下次使用时，石膏的硬化颗粒混入，影响操作和效果。

（5）墙面粉刷石膏厚度不宜超过 20mm，顶面粉石膏厚度不宜超过 10mm。

（6）粉刷石膏层严禁在潮湿环境使用。

5.7.2 安装石膏线

1. 工序介绍

1）适用范围

客厅、餐厅、卧室、通道顶面阴角位置安装石膏线。

2）施工材料

石膏线、快粘粉。

3）作业条件

（1）墙面、阴阳角找平找直已完成。

（2）房间墙面石膏线下沿水平线已完成。

2. 工艺

（1）粘贴石膏线。

（2）石膏线拼接。

（3）石膏线打磨。

（4）灯光检查。

3. 工法

（1）粘结石膏线：

按房间为单位粘贴石膏线，以阴角为起始点，采用点粘方式，粘结点间距 500mm 左右。

（2）石膏线拼接：石膏线平面采用直拼，阴阳角采用 45°切割拼接。接口立面满批快粘粉，拼接挤压时把多余快粘粉挤出，待基本起硬时，用铲刀清除多余部分。

（3）石膏线打磨：打磨阴阳角及平接处，表面应平整、无接头痕迹。

（4）灯光检查：用 200W 白炽灯观察打磨平整情况，以表面反光均匀无凹凸为通过。

4. 工具

钢锯、壁纸刀、240# 砂纸、砂纸打磨架、灰刀、抹子、卷尺、红外水准仪、墨斗。

5. 工种

油工。

6. 质量标准

石膏线检查项目、质量标准和检验方法如下：

序号	项　目	允许偏差 (mm)	检验方法
1	立面垂直度	2	红外水平仪
2	横向水平度	3	用 2m 靠尺和塞尺检查
3	接缝	平直、无错台	观察

7. 注意事项

（1）石膏线顺墙立放，与墙面成 30°左右。

（2）切割拼接角时，应平放在操作台上。

5.7.3 批刮墙衬（耐水腻子）找平

1. 工序介绍

1）适用范围

（1）批刮墙衬找平适用于墙面为壁纸饰面。

（2）水泥面基层、粉刷石膏基层、石膏板基层的墙顶面墙衬（耐水腻子）找平处理。

（3）含石膏板拼缝处理。

2）施工材料

墙衬（耐水腻子）、美纹纸、接缝纸带、白乳胶。

3）作业条件

（1）抹灰作业已全部完成，过墙管道、洞口、阴阳角等应提前处理完毕，为确保墙面干燥，各种穿墙孔洞都应提前抹灰补齐。

（2）基层粉刷石膏找平完成并验收。

2. 工艺

（1）搅拌浆料。

（2）石膏板接缝处理。

（3）批刮两遍腻子。

（4）打磨。

（5）灯光检查。

3. 工法

1）搅拌浆料

（1）先将适量的水倒入搅拌桶，再倒入墙衬，墙衬与水的比例为 1：0.6 左右，水的加入量以适宜的施工稠度为准。用搅拌器搅拌 2~5min，搅拌均匀，无结块为准，达到合适的稠度。遇夏季高温天气腻子稠度要比正常时稀一点。

（2）搅拌好的墙衬应在硬化（初凝）前用完，应在 120min 内用完。每次搅拌量不应过多，一定要在硬化前用完，使用过程不允许加水，对已硬化的墙衬不得再次加水搅拌使用。

（3）墙衬对加水量较敏感，水量过大不仅出现流挂从而影响抹灰操作，同时降低抹灰层的强度。水量过小会加快凝结、缩短可使用时间，造成浪费。

2）石膏板接缝处理

（1）补钉眼：直接用开刀把嵌缝石膏填补平整。

（2）清理、嵌缝、贴纸带：石膏板拼缝清理干净，涂刷一道白乳胶，用开刀把嵌缝石膏嵌入板缝，直拼板缝、阴阳角板缝要嵌满嵌实，与接口刮平。然后粘贴接缝纸带压实刮平，当嵌缝石膏开始凝固又尚处于潮湿状态时，再刮一道嵌缝石膏，将接缝埋入石膏中，并将板缝填满刮平。

3）批刮墙衬（耐水腻子）找平

（1）基层清理：彻底清扫干净基层，不得有浮尘、杂物等，基面若有裂缝，先处理好。

（2）涂刷墙锢：在原有腻子基层上批刮墙衬时，需要涂刷墙锢，大面积用滚筒均匀滚涂，阴角管根用漆刷刷涂，涂刷后注意保持清洁。

（3）批刮二遍腻子、打磨：刮腻子遍数由墙面平整度决定，一般为二遍。用刮板横向满刮，刮板接头不得留槎，最后收头要干净利落，为避免墙衬收缩过大，出现开裂，单次批刮厚度不能过厚，厚度宜在 0.5~0.8mm。第二遍批刮需要第一遍批刮的腻子干燥后进行。

（4）打磨：可用无尘打磨机打磨或手工打磨。无尘打磨机打磨将砂纸安在打磨机上，轻轻在墙衬上均匀推动，严禁用力过大，以免造成墙面不平整。手工打磨将砂纸包在打磨架上，往复用力推动打磨架，不能只用手指压着打磨，打磨力度要均匀，以免影响打磨平整度。打磨宜在墙衬九成干时进行，既省力又不粘砂纸。用 240# 细砂纸磨光擦净，严禁用太粗砂纸打磨，不应使用 240# 以下的砂纸，以防砂纸痕迹太深，影响涂料饰面美观。

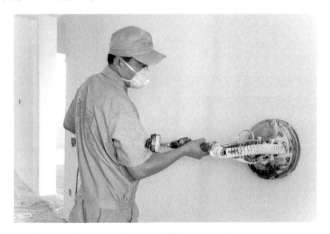

（5）灯光检查：用 200W 白炽灯观察打磨平情况，以表面反光均匀无凹凸为通过。

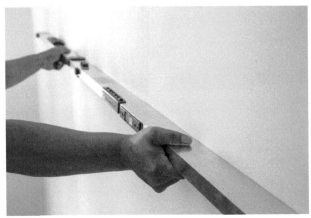

4. 工具

搅拌器、壁纸刀、240# 砂纸、砂纸打磨架、刮板、铁抹子、200W 白炽灯。

5. 工种

油工。

6. 质量标准

墙衬（耐水腻子）检查项目、质量标准和检验方法如下：

序号	项　目	允许偏差 (mm)	检验方法
1	表面平整度	3	用 2m 靠尺和塞尺检查
2	大墙面顺直、阴阳角顺直	—	观察
3	立面垂直度（门窗洞口边 100mm 内墙面、摆放家具墙面）	3	用 2m 垂直检测尺检查
4	阴阳角方正（在无套线情况下，户门、窗、哑口阳角）	3	用 200mm×130mm 直角检测尺
5	粉刷层与基层之间粘结牢固，无脱落、空鼓	无	检测锤敲击检查
6	粉刷层面层无起砂和裂缝	无	观察

7. 注意事项

（1）在储存过程中，应防止受潮，如发现有结块现象应停止使用。

（2）墙衬找平总厚度不宜超过 2mm。

（3）搅拌加水比例以包装说明为准，严禁加水过多或过少。

5.8

壁布工程

5.8.1 铺贴玻纤壁布

1. 工序介绍

1) 适用范围

客厅、餐厅、卧室、通道、阳台内墙面、顶面铺贴玻纤壁布。

2) 施工材料

基膜（15m^2/L）、胶粉（18~20m^2/ 盒）、玻纤壁布。

3) 作业条件

（1）石膏板接缝处理、面层石膏找平收光完成。

（2）基层干燥，含水率不大于 12%。

2. 工艺

（1）基层清理。

（2）涂刷封闭基膜。

（3）裁切壁布。

（4）涂刷粘结胶浆。

（5）铺贴壁布。

3. 工法

（1）基层清理：使用鸡毛掸子或干净毛巾将墙体表面清理干净。

（2）涂刷封闭基膜：基膜兑水比例 1：1。使用滚筒涂刷整体墙顶面，涂刷要均匀，严禁出现漏刷，根据各地气温情况，基膜中可以适当地加清水稀释。

（3）裁切壁布：根据墙面高度，合理裁切壁布长度，上、下各留出 20~50mm 的裁减量。壁布裁切保证水平和垂直。壁布长度为石膏线下沿至地面 30~50mm 处，避免出现踢脚线上沿与壁布底沿有缝隙。

（4）涂刷粘结胶浆：根据辅料使用说明进行胶粉调制，6L 水兑 1 盒胶粉（200g/ 盒），搅拌均匀。上胶方式采用墙面上胶，用中毛以上的滚刷在墙面滚胶，涂胶均匀、不漏涂。每次滚刷 1.2m 左右，上、下、阴阳角处用毛刷补胶。禁止将胶大面积滚刷到壁布反面，禁止将胶刷到已粘贴好的壁布上。滚刷好一幅的面积后，尽快粘贴壁布，以免时间过长，胶发干而黏贴不牢。上胶时要检查胶中是否有杂质，如有杂质要及时清理。

（5）铺贴壁布：从一侧向另一侧整幅铺贴，自上而下，用刮板刮平刮均，刮板刮动要连续，刮动时力道要适中，避免壁布与墙面粘贴不实或局部胶水太多造成布面有气泡。刮板刮动方向是沿着布面上下刮动，严禁左右刮动，否则容易造成布面变形、起皱。在阴阳角处裁断拼接，以避免壁布与阴阳角铺贴不实。壁布缝隙要控制得当，密拼平直，尽量避免毛刺、大小缝、重缝和闪缝现象发生。

（6）检查壁布：检查已铺贴壁布，如有破损、对接缝隙等问题，及时修补或更换。

4. 工具

注射器、刷子、辊子、搅拌桶、壁纸刀、卷尺、钢尺、保护膜、梯子。

5. 工种

壁布工。

6. 质量要求

玻纤壁布检查项目、质量标准和检验方法如下：

序号	项目	质量标准	检验方法
1	表面	无褶皱、无破损、无污染、无起泡	观察
2	接缝	平齐、均匀、不明显	观察

7. 注意事项

（1）基层平整，表面无颗粒、无凹坑，不达到交接验收标准不能粘贴壁布。

（2）幅与幅之间的拼接、阴阳角处拼接应保证无毛刺，顺直。

（3）壁布接缝处应避免重缝（壁布搭接在一起）、闪缝（壁布搭接处分开）和表面应避免起泡。

（4）待壁布干透后，大约 8~10h，才可以刷涂料。

5.8.2 滚刷涂料

1. 工序介绍

1) 适用范围

客厅、餐厅、卧室、通道、阳台内墙面、顶面滚刷涂料。

2) 施工材料

涂料、美纹纸、塑料膜。

3) 作业条件

（1）瓷砖铺贴完成。

（2）壁布铺贴完成。

2. 工艺

（1）基层清理。

（2）调和涂料。

（3）涂刷涂料。

3. 工法

（1）基层清理：基层表面的浮尘、杂物清理干净。表面若有裂缝，必须先处理好。

（2）调和涂料：涂料按 10%~20% 的正常兑水涂刷。有颜色的涂料加水比例宜控制在 10%，颜色越深稀释比例越低。大桶中先加入适量的清水，把 5L 装涂料倒入大桶中，搅拌均匀。

（3）涂刷面漆：

① 涂刷第一遍面涂前先检查已贴好的壁布有无气泡或边角翘起，若有问题，使用注射器及毛刷补胶，然后用刮板抹平。大面积涂刷前，先用刷子把边角刷均匀。

② 蘸料前应将滚筒润湿一下再蘸料，然后在匀料板上来回滚动几下，使含料均匀，滚涂时按自下而上、再自上而下按"W"形涂刷。每次滚涂的宽度大约是滚筒长度的四倍，使用滚筒的三分之一重叠，以免滚筒交接处形成明显的痕迹。滚涂速度严禁过快。

③ 涂刷面漆选用优质中毛滚子，先刷顶板后刷墙面。

④ 待第一遍涂料干燥后，用砂纸打磨阳角，壁布如有毛刺现象，需用砂纸轻轻均匀打磨至光滑。若有重缝（壁布搭接在一起）现象，用砂纸打磨，注意力度，不能打穿壁布。若有闪缝（壁布搭接处分开）现象，非常细微缝隙用注射器注入涂料并用刮板刮平。较明显缝隙用壁布经线沾涂料填补修复。若有起泡现象，用注射器打胶到起泡处用刮板压平。涂刷第二遍面漆同第一遍操作。

⑤ 如在同一墙面上有两种以上的颜色搭配，两颜色分界处应界线分明，无杂色染色现象。

⑥ 老房外露燃气、暖气铁管应先进行打磨、防锈处理，再涂刷银粉或白色油漆，颜色均匀一致。

4. 工具

滚刷、羊毛刷、搅拌桶、小塑料桶、200W 白炽灯。

5. 工种

壁布工。

6. 质量要求

内墙涂料检查项目、质量标准和检验方法如下：

序号	项目	质量标准	检验方法
1	泛碱、咬色	不允许	观察
2	流坠、疙瘩、毛刺、孔洞	无	观察、手摸
3	颜色	均匀一致	观察
4	分色线平直	2mm	用红外水准仪，盒尺检查
5	起皮、漏刷、透底	无	观察、手摸
6	边框、灯具等	无污染	观察

7. 注意事项

（1）涂料控制好加水比例，严禁加水过量 。白色涂料的加水上限为 30% 。深色涂料的加水上限为 10% 。深颜色的涂料涂刷遍数会适当增加，以涂刷表面均匀、不花为准。

（2）施工温度不低于 5℃，湿度不大于 75%。

（3）涂刷和待干过程要保证有良好通风环境。

（4）涂料应存放在阴凉干燥处，严防受冻。

5.9

安装铝扣板

1. 工序介绍

1) 适用范围

厨房、卫生间的铝扣板吊顶施工。

2) 施工材料

38 主龙骨、三角副龙骨、边龙骨、吊筋、ϕ6 铁胀塞、大吊件、卡件、300mm×300mm 铝扣板、万能胶、白色中性防霉密封胶。

3) 作业条件

（1）吊顶内下水管做好隔音处理，且验收合格。

（2）上水管、电路改造完成且验收合格。

2. 工艺

（1）安装止逆阀。

（2）固定边龙骨。

（3）安装吊杆。

（4）固定主龙骨。

（5）调平。

（6）安装铝扣板。

3. 工法

（1）安装厨房、卫生间的烟道（排风道）的止逆阀、软管：

　　① 厨房烟道、卫生间排风道的止逆阀尽量贴顶安装，以保证止逆阀、软管安装在吊顶内。

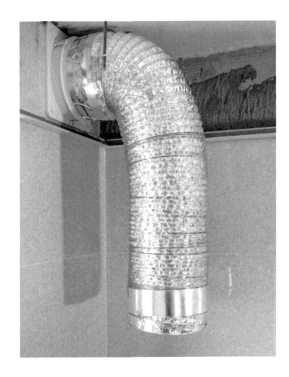

② 将两根塑料扎带分别穿过固定座的上下两个安装卡孔。轻轻一拽，固定座就自动牢固地卡在墙面上，用剪刀将卡孔多出的塑料卡条剪平，止逆阀四周打满密封胶，不能有缝隙，要求牢固、严密。扎带一旦插进底座的扎带孔后是取不出来的，所以安装前一定要确认底座摆放正确。

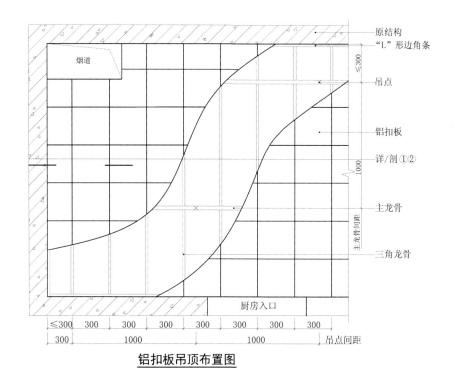

铝扣板吊顶布置图

③ 将止逆阀主体与固定座连好，注意主体与固定座卡口。然后将固定座底部的螺丝拧紧。

④ 检查防味阀的挡风板是否可以自由开关。最后连接油烟机排风管并用铝箔纸胶带缠绕不少于 3 圈，要求牢固、严密。

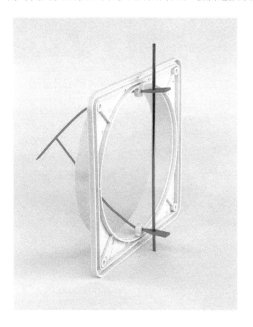
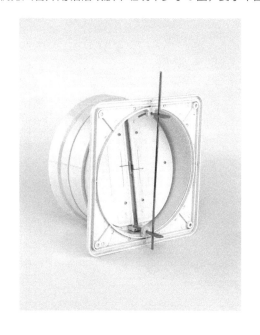

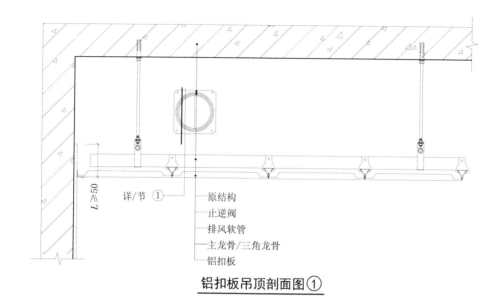

铝扣板吊顶剖面图①

(2) 放线:

① 依据房间 1000mm 水平线弹出边龙骨下沿位置线。

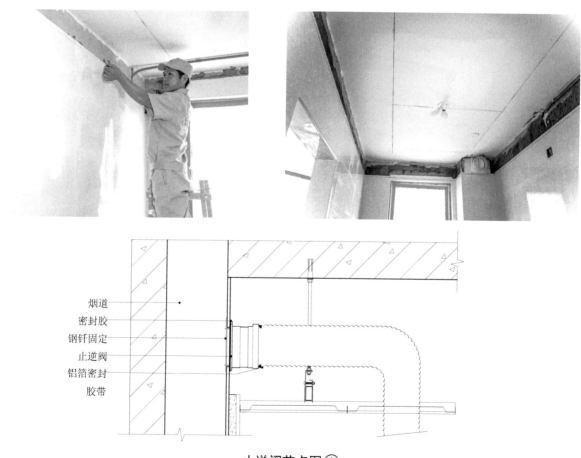

止逆阀节点图①

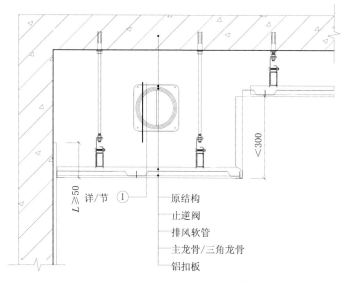

铝扣板吊顶剖面图②

图中标注：
- 原结构
- 止逆阀
- 排风软管
- 主龙骨/三角龙骨
- 铝扣板
- 详/节 ①
- L≥50
- <300

② 主龙骨放线：根据铝扣板的尺寸，以及吊顶的面积尺寸来安排吊顶骨架的结构尺寸。布置原则：从门口开始铺设整板，半块板留置房间里侧和橱柜吊柜一侧。在结构顶板弹出主龙骨及吊杆的位置线。

（3）固定边龙骨：边龙骨沿标高线用万能胶粘结固定。

（4）安装吊杆：吊杆应通直，距主龙骨端部距离不得超过300mm，否则应增加吊杆，以免主龙骨下坠，副龙骨应紧贴主龙骨安装。

（5）固定主龙骨：主龙骨吊点间距，按使用系列决定，主龙骨安装后应及时校正位置及高度。要控制龙骨架的平整，首先应拉出纵横向的标高控制线，从一端开始，一边安装一边调整吊杆的悬吊高度。待大面平整后，再对一些有弯曲翘边的单条龙骨进行调整。

（6）调平：全面校正主、次龙骨的位置及水平度。连接件应错位安装，检查安装好的吊顶骨架，应牢固可靠。

（7）安装铝扣板：扣板应平整，不得翘曲，铝扣板安装完成后，在边龙骨与墙体相交处应打白色中性防霉密封胶。

4. 工具

电锤、专用剪刀、墨斗、水平尺、红外水准仪。

5. 工种

吊顶工。

6. 质量要求

铝扣板吊顶检查项目、质量标准和检验方法如下：

项次	项类	项目	质量标准		检验方法
1	—	标高、尺寸、造型	符合设计要求		观察和盒尺检查
2	—	铝扣板与龙骨连接	牢固可靠，无松动变形		观察及手扳检查
3	—	铝扣板表面	表面平整，无翘曲、碰伤，接缝均匀、镀膜完好无划痕，颜色协调一致、美观		观察
4	—	设备口、灯具的位置	套割尺寸准确边缘整齐，不露缝		观察
5	龙骨	边龙骨平直	允许偏差（mm）	2	红外水准仪、用钢直尺检查
		边龙骨四周水平度		2	红外水准仪、盒尺检查
6	饰面板	表面平整度		2	用2m靠尺和塞尺检查
		接缝直线度		2	红外水准仪、钢直尺检查
		接缝高低差		1	用钢直尺和塞尺检查
7	收口线	收口线平直		2	红外水准仪、钢直尺检查
		收口线四周水平度		2	水准仪、盒尺检查

7. 注意事项

（1）龙骨、饰面板，应分门别类码放整齐，不要在上面放重物，避免变形，放在干燥通风的房间，避免受潮、生锈。

（2）室内管道保温、试水等全部工序完成，且经验收后方可进行饰面板安装。

（3）注意保护顶棚内各种管道及设备，吊杆龙骨不准固定在通风管道及其他设备件上。

5.10

安装橱柜
（浴室柜）

1. 工序介绍

1）适用范围

厨房、卫生间的地柜、吊柜、烟机、灶台、洗菜盆的组装及安装。

2）施工材料

柜体、门板、五金。

3）安装条件

（1）墙地砖、过门石铺贴及勾缝完成。

（2）吊顶、涂料饰面完成。

（3）厨卫插座开关面板安装完成（或烟机、洗菜盆的插座完成）。

（4）烟机的烟管预埋完成并甩出吊顶。

（5）燃气表更改完成。

（6）墙上已粘贴水电管线标识。

2. 工艺

（1）组装柜体配件。

（2）组装柜体。

（3）安装踢脚。

（4）开孔。

（5）吊柜组装。

（6）吊柜安装。

（7）安装抽屉、拉篮。

（8）安装门板。

（9）安装支撑。

（10）安装烟机、灶台。

（11）安装洗菜盆、龙头、上下水。

3. 工法

（1）现场清洁：安装前对安装空间及操作区域进行现场清理。将安装现场中的杂物以及与安装无关的物品清理出现场。

（2）开箱验货：对照图纸，把产品放置在地毯上有序地拆包，检查是否有破损。五金配件要有专门的位置存放，不得随意散乱在地面。为了防止灰尘进入，应对橱柜内部配件进行保护，如滑道、拉篮等。

（3）组装柜体配件：装木榫及连杆，注意孔位与孔位之间的偏差，木榫与孔位的错位误差如在 2mm 以内，可用美工刀适当修正木榫。如误差超过 2mm，不得强行安装。

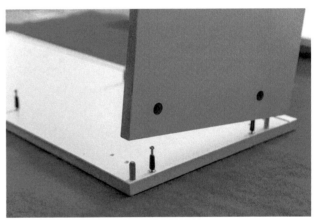

（4）组装柜体：按照先后顺序依次安装，左侧板→顶底板→连接板→右侧板→拧紧母扣→背板。用十字螺丝刀把母扣顺时转动大于 90°，确保连接牢固。

（5）安装踢脚：

　　① 为减轻侧板的压力，地脚底座尖头部分必须压在底板和侧板上，但不能超出侧板。宽度超过 800mm 的柜体，应在底板的中心增加 1 个地脚。

　　② 踢脚调节：按照图纸及踢脚板的高度进行踢脚调节到统一高度。

（6）柜体开孔：

　　① 若柜体需要开管道孔，首先测量管道的孔径大小，并在柜体需开孔位置上画线，先用电钻打眼，然后用曲线锯进行开孔。

　　② 开孔后需要将裸露的板材边缘用对应的"U"形条封边。

（7）背板开孔：

　　① 若柜体需要开关、面板开孔的，首先测量设备的孔径大小，并在柜体、背板需开孔位置上画线，先用电钻打眼，然后用曲线锯进行开孔。

　　② 开孔后需要将裸露的板材边缘用对应的"U"形条封边。

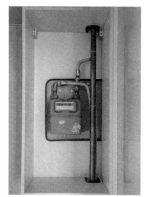

（8）柜体摆放：按照图纸和安装顺序摆放柜体，用水
平尺测量其上平面是否水平，如不水平需要通过调节地
脚，用水平尺检测整组柜体的水平与垂直度，确保整组
柜体水平和垂直。

（9）吊柜组装：

① 安装步骤：吊码→左侧板→顶底板→连接板→右侧板→拧紧母扣→背板→层板。

② 用十字螺丝刀把母扣按顺时转动大于 90°，确保连接牢固。

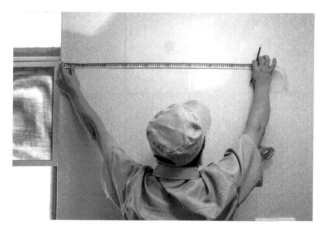

（10）吊柜安装：

① 用红外线水准仪找出安装高度位置，要求吊柜在同一水平线上。

② 先确定吊柜高度，台面上 650~680mm 处，且需要与烟机同一高度。

③ 挂片孔位的定位在吊柜顶端向下约 55~60mm，两侧距吊柜内边沿 34mm（预留出侧板的厚度）。左右开孔的定位离墙距离要注意，墙体及墙角的误差和装饰板宽度，先用玻璃钻头缓速打穿瓷砖，再快速打孔。用胀栓固定吊码片，吊码片要求安装牢固、水平。

④ 安装吊柜应从上往下挂，拧紧吊码，确保吊柜与墙体靠紧、牢固。其中，吊码中的上螺丝是上下调节，下螺丝是前后紧固。吊柜上墙调整水平后，吊柜与吊柜间进行连接固定。固定方式与地柜方式相同。

（11）安装抽屉：

① 将已安装在柜体上的滑轨，与对应尺寸的抽屉帮进行组装，抽屉帮上的孔位对准滑轨上的卡钩放入。

② 安装抽屉门板：抽屉面从下往上进行安装，先将连接件与抽屉面组装，然后与抽屉帮连接。

③ 抽屉面板调整：用十字改锥左右轻松调节。调节好后即使抽屉拆卸后再安装，也无须再进行高度调节。

④ 各门板、抽屉、拉篮等面板的调节，从各个方位检查橱柜面板的上下、前后、左右分缝要求均匀一致。

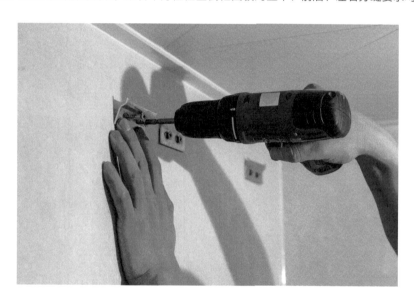

（12）安装拉篮：

① 按照图纸清单把对应的拉篮滑轨安装在对应的柜体底板上。滑轨按照拉篮的安装尺寸参数要求进行定位。

② 把拉篮挂件安装在对应的门板上（参照拉篮安装尺寸参数）。滑轨与门板连接牢固后，再将拉篮安装在滑轨上并用标配连接件固定。

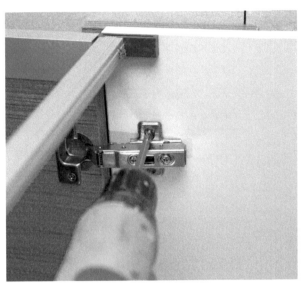

（13）安装门板：把门板依次摆放整齐，门板之间注意保护避免划伤。根据图纸安装所对应的铰链。门板调整：用十字螺丝刀调节门板铰链，使门板的各个缝隙符合要求。

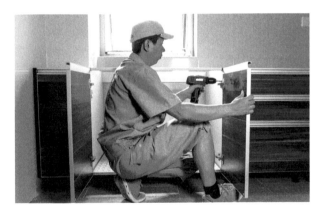

（14）安装支撑：按照图纸及清单把随意停及气缸支撑安装在上掀吊柜。随意停安装在吊柜的上面门板上，下面门板安装气缸支撑。

（15）安装踢脚板：

　① 安装踢脚板之前，需要把地柜底部的粉尘和垃圾清理。测量安装面的尺寸并对踢脚板进行裁切。

　② 从踢脚板的一端装上卡子，使卡子与每个地脚相对应。再将踢脚板卡在地脚上。转角的地方用铝转角连接。安装完的踢脚板下边应与地面平齐。

（16）安装烟机：

　① 台面安装完毕后安装烟机、燃气灶、水盆龙头。安装前要检查烟道孔内是否通畅。按图纸标注高度测量标记吊片打孔位置。用玻璃钻头缓速打穿瓷砖，再快速打孔。吊片要求安装牢固、水平。然后组装烟机配件，组装完成后将烟机挂到墙上。烟机下边沿与台面间距为650~680mm。

② 烟机软管与烟机对接好并用铝箔纸密封好。调整水平后把烟机钢护罩安装到位。

（17）安装燃气灶：安装燃气灶前先检查产品是否完好，配件是否齐全。 先将嵌入式炉灶试放在台面开孔里，同时应确保每一边留有不小于 5mm 的间隙，炉底部周边的金属扣码不能直接接触实体台面，炉灶四周与台面相交处严禁打密封胶。

（18）安装不锈钢护墙板：

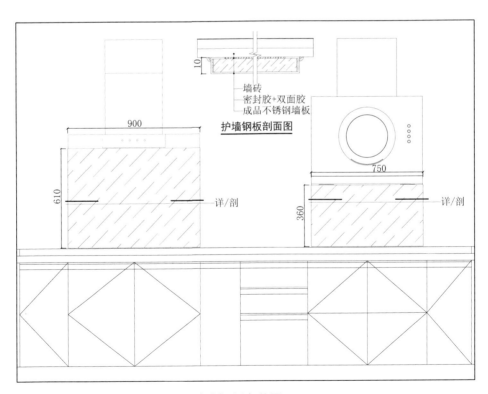

护墙钢板安装图

将成品不锈钢护墙板粘贴在烟机、灶台对应的墙砖上，具体位置是挡水沿以上，烟机以下，钢板宽度等同于烟机宽度。墙板背后点涂密封胶、点贴双面胶交替进行，横向、竖向间距均不应大于 300mm。粘贴时保证墙板横平竖直。墙板与墙砖相交处打中性防霉密封胶。要求均匀、顺直。

（19）安装洗菜盆及龙头：

① 安装水槽：在水槽与台面接触的部位点涂玻璃胶，便于固定和密封，玻璃胶要涂到水槽下沿或涂在台面孔边缘，然后放入水槽，调平调正，去除多余的密封胶。最后在水槽与台面相交处打中性防霉密封胶，打胶要求平直、均匀。

② 安装龙头：先把水龙头伸入台水盆孔，盆底部加上胶垫和垫片，用扳手将螺丝拧紧。注意调正龙头朝向和位置。龙头与台盆连接必须紧密，无松动。将混水器的出水软管加上配重球与水龙头的进水硬管连接好。将软管与角阀拧紧，无渗漏。左侧为热水管，右边为冷水管。

③ 洗菜盆排水结构的各接头在连接水槽、各管件时，都必须放好橡胶垫片，连接严密、拧紧。"八"字阀与上水金属软管，上金属软管与水龙头的连接必须严密，均不能有渗漏现象。下水软管套上装饰盖板、防臭密封塞插入排水管中，必须填充密实，无缝隙。

4. 工具

无尘锯、红外水准仪、工具箱、地面保护地毯、充电手枪钻、曲线锯。

5. 工种

橱柜工。

6. 验收标准

1）外观要求

（1）产品外表应保持完好状态，不得有碰伤、划伤、开裂和压痕等缺陷。

（2）安装位置符合设计图纸要求，不得随意变换位置，改变方向。

（3）按照图纸要求，柜体摆放合理、协调一致，地柜、吊柜应保持水平状态。

（4）各类门板、抽屉、拉篮等面板的调节，从整体的各个方位检查橱柜面板的上下、前后、左右分缝均匀一致。

2）安装检查项目、质量标准和检验方法如下：

序号	检查项目	允许误差（mm）	检验方法
1	灶具与抽油烟机中心偏移	10	用盒尺检查
2	柜体门板、屉面的缝隙、高度、平整面错位	3	用塞尺、盒尺检查
3	柜体立面垂直度、柜体、柜门对角线	2	用红外水准仪检查

3）牢固程度要求

（1）橱柜的安装部件之间的连接应牢靠不松动，紧固螺钉要全部拧紧。

（2）吊柜与墙面的固定塑料胀塞不小于 8mm×60mm；每 900mm 长度不少于 2 个固定点。

（3）油烟机固定在墙面或连接板上，开机时不得有松动或抖动现象。

4）密封要求

（1）水盆的排水结构（如：水过滤器、溢水口、排水管等）各接头，在连接水槽及排水接口的部位必须严密，不能有渗漏现象。

（2）给水管道、上水管及水龙头的接头处，不能有渗漏现象。

（3）灶具的进气接头、软管与燃气管道之间的接头应连接紧密，必须使用卡箍紧固，不能有漏气现象。

（4）嵌入式灶具与台面连接处应使用密封、隔热材料。

（5）水盆与台面连接处应打密封胶。

（6）抽油烟机排烟管、止逆阀连接必须密封牢固。

5）安全性能要求

（1）厨房洗菜盆下安装的五孔插座必须配防溅盒。

（2）所有抽屉和拉篮，应抽拉自如，无阻滞，并带有限位装置，防止直接抽出。

（3）橱柜中的金属件与人接触的位置应有保护装置，（如抽屉侧装饰盖、铰链装饰盖）有毛刺和锐角的部位必须砂光处理。

7. 注意事项

（1）施工前清理现场，清除杂物。

（2）施工中注意现场卫生及时清理，严禁锯屑和烟尘满天飞。

（3）安装完毕，整体清理厨房内地面、柜体内外及台面。柜体内及柜内五金件的灰尘、颗粒应使用吸尘器吸干净。

（4）对于施工中柜体内留下的笔迹、污渍等要集中、彻底处理。

（5）若安装吊柜、烟机的墙体为非承重墙体时，视现场具体情况，做承重加固处理。

5.11

安装内门

1. 工序介绍

1）适用范围

卧室、厨房、卫生间门的组装及安装。

2）施工准备

（1）材料准备

门扇、门套、合页、锁具。

（2）机具准备

无尘锯、红外线水准仪、工具箱、地面保护地毯、充电手枪钻。

3）安装条件

（1）墙地砖、过门石铺贴及勾缝完成，木地板地面找平完成，铺地板前。

（2）吊顶、涂料饰面完成，壁纸墙面的找平已完成，铺贴壁纸前。

（3）门洞口预留尺寸符合要求。

（4）门扇与门洞尺寸对应表。

系列	门扇（mm）	预留门洞（mm）			房间	形式
		宽度	高度	厚度		
i8	800×2000	895	2065	85~300	卧室	单扇平开门
	760×2000	855	2065	85~300		
	760×1860	855	1925	85~300		
	700×2000	795	2065	85~300	厨房、卫生间	
	660×2000	755	2065	85~300		
	660×1860	755	1925	85~300		
	700×2000	1465	2135	85~300	厨房	双扇推拉门
	800×2000	1665	2135	85~300		
i7	800×2000	885	2045	100~340	卧室	单扇平开门
	750×2000	835	2045	100~340		
	700×2000	785	2045	100~340	厨房、卫生间	
	650×2000	735	2045	100~340		
	800×2000	1595	2115	110~340	厨房	双扇推拉门
说明：现场预留门洞尺寸允许误差在 ±5mm 之内。						

2. 工艺

(1) 主套连接板的组装。

(2) 安装门套。

(3) 安装合页。

(4) 安装门扇。

(5) 安装连接板、套线。

(6) 安装锁体。

(7) 调试。

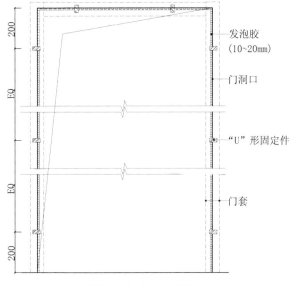

石塑门套安装示意图

3. 工法

1) 拆包检验

(1) 安装前对现场操作区域进行清理，以不影响木门安装。

(2) 先将工具箱放置于门边靠墙角处，取出垫布铺在地上，再将工具放在垫布上。

(3) 对照图纸及清单把对应门套放在地毯上拆包检查是否有磕碰划伤。

2) 主套连接板的组装

(1) 首先把主套连接板检查密封条是否平整，超出部分用壁纸刀裁切平整。

(2) 将连接板摆放好，把左、右、横主套连接固定在一起。注意 45° 拼接缝隙严密平整。

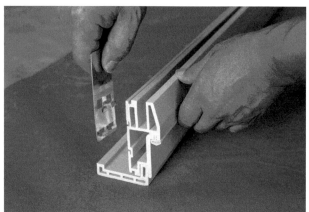

3) 安装门套

（1）安装门套前先把门洞上打胶点的腻子层铲除，铲至原结构层，保证发泡胶与墙体粘牢。

（2）用三角木楔对门套加以固定。

（3）用红外线水准仪调整门套横平竖直（门套底部大于上部 3mm 便于后期调整）。

（4）用发泡胶打胶固定，在横套与竖套相汇处及竖套的合页处打胶。

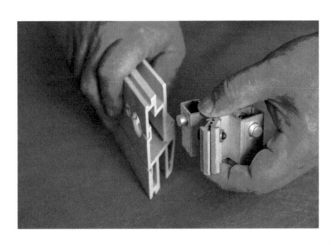
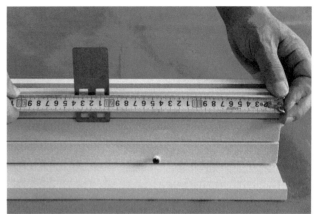

4）安装合页

（1）把对应的门扇拆包检查是否有质量问题，产品平放在地毯上。

（2）测量合页开孔位置并画线，用剔刀开合页孔。

（3）用 3.2mm 钻头铣孔，再用自攻钉固定。对合页进行检查，保证开启自如无异响。

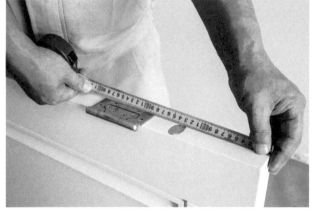

5）安装门扇

（1）把门扇对应在门套上用合页进行连接。调试门板开启自如无异响，上下缝隙均匀，下面缝隙比上面大3mm。

（2）门扇安装完毕后打发泡胶进行固定，上、中、下三点打胶。

(3) 在打胶点处应做木支撑，防止胶膨胀门套变形，支撑两端与门套接触点应垫纸皮保护，以免划伤门套。

6) 安装连接板、套线

(1) 把连接板根据墙体厚度算出所需连接板宽度进行裁切。

(2) 板安装完毕后再安装副套线，有横套、竖套顺序安装。

(3) 连接板安装完毕后再安装副套线，有横套、竖套顺序安装。

7) 安装锁体

(1) 安装锁体：按照门上的锁体孔安装对应锁体。

(2) 安装锁芯：安装完成需要调试锁体的开关是否灵活。

(3) 按照孔位安装对应把手，固定完成后安装上装饰盖。

(4) 使用手枪钻配 $\phi16$ 钻头现场开锁舌暗孔，锁舌与盒体中心对中心。开孔周边要用铣刀铲平、铲直，开孔范围不能超出图示上限数值。开孔尺寸见下图：

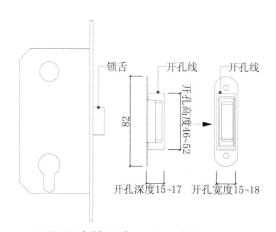

石塑门套锁舌盒开孔示意图

4. 工具

无尘锯、红外线水准仪、工具箱、地面保护地毯、 充电手枪钻。

5. 工种

木门工。

6. 质量标准

1) 外观要求

（1）产品外表应保持完好状态，不得有碰伤、划伤、开裂和压痕等缺陷。

（2）安装位置符合设计图纸的尺寸和方位要求，不得随意变换位置，改变方向。

（3）门套安装横边水平、竖边垂直，门套、门扇不翘曲、不变形、无锤印破损。

（4）各类门板、门套的调节，从整体的各个方位检查上下、前后、左右分缝均匀。

2) 木门安装检查项目、质量要求、检验方法如下：

序号	检查项目	允许误差/缝隙（mm）	检验方法
1	门套的正、侧面垂直度误差	2	用靠尺、塞尺检查
2	门套对角线长度误差	2	用盒尺检查
3	门与门套接触面平整度误差	2	用红外水准仪、盒尺检查
4	双门对口缝、门与门套立缝	3~4	用盒尺检查
5	门与门套上缝	3	
6	门与地面间缝（内门）	5~8	
7	门与地面间缝（厨房、卫生间）	8~12	

3）五金安装规定

（1）合页安装牢固，位置正确适宜，边缘整齐。

（2）五金、滑轮等配件齐全，无异声，无变形和扭曲。

（3）门锁开启灵活，与锁挡结合紧密，无晃动。

（4）合页、锁体和锁挡的自攻钉拧紧卧平，无花口、滑丝和断裂现象。

（5）定位柱、限位块、门顶等固定牢固，起到限位作用。

4）门套线、密封条安装规定

（1）门套线套口尺寸一致，平直光滑，结合牢固，接角处对缝严密。

（2）密封条拼角割向正确、拼缝严密，套板槽内密封条顺直。

（3）横付套安装平整、居中，侧套顶部平齐、水平。

（4）盖板、密封条等安装牢固、平整。

7. 注意事项

（1）施工前现场卫生清理，清除杂物，保证良好的施工环境。

（2）包装物整齐叠放，保证组装门套时下面的清洁，无杂物损坏门套。

（3）施工中注意保持产品和现场（地面、墙面）的卫生，及时清理锯末垃圾，不得让锯屑和烟尘满天飞。

（4）安装完毕，先清理门板、门套、墙面，保证墙面和产品恢复完好的状态，最后整体清理施工的地面。

（5）对于产品上残留下的笔迹、污渍、胶痕等要仔细、彻底处理。

5.12

安装台面

1. 工序介绍

1）适用范围

厨房、卫生间的台面、窗台板安装固定。

2）施工材料

石英石台面、中性防霉密封胶、固化剂、大理石胶、垫条。

3）安装条件

橱柜、浴室柜安装完成。

2. 工艺

（1）安装垫板。

（2）安装台面。

（3）接缝处理。

（4）安装挡水沿。

（5）打胶处理。

3. 工法

（1）安装石英石台面前，需要先检查橱柜和地柜的平整性，检查所需安装石材的台面与现场的尺寸是否有错误或误差过大，如果有，则需要再次加工调整。

（2）安装石英石台面时，石材与墙面之间要留置 3~5mm 的缝隙，缓解石材台面与橱柜间的热胀冷缩产生的变形。安装完成后，在缝隙处打严中性密封胶。

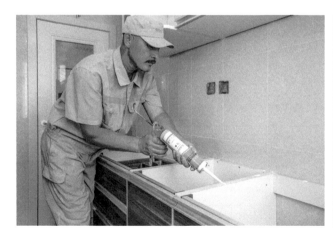

（3）安装台面垫条，垫条底部均涂抹玻璃胶，垫条粘结平整、稳固。

（4）安装挡水沿：在台面与墙面相交处安装一圈挡水沿，挡水沿可用玻璃胶打点安装固定，安装完后需要在挡水沿上口、下口接缝处打中性防霉密封胶，打胶要求顺直、均匀。

（5）台面全部安装完成后，需要清理柜体、台面垃圾和灰尘，最后地面需要清理干净。

（6）窗台板安装前先把基层清理干净。用云石胶或发泡胶点胶、调平、粘结牢固。

4. 工具

切割机、打磨机、水磨片、固体蜡、红外线水准仪、水平尺、壁纸刀。

5. 工种

台面工。

6. 质量标准

台面安装检查项目、质量标准和检验方法如下：

序号	检查项目	允许误差／缝隙（mm）	检验方法
1	台面平整度	3	用靠尺、塞尺检查
2	台面左右两侧面与墙面之间缝隙	5	用盒尺检查
3	台面距地面的高度	3	用红外水准仪、盒尺检查
4	台面与侧墙之间的单侧缝隙	5	用盒尺检查
5	包管石材应距墙或距吊柜底缝隙	3	用盒尺检查

7. 注意事项

（1）台面安装完毕应及时清理施工垃圾。

（2）安装好的台面上不能放电动工具和坚硬物体以免划伤台面。

（3）台面与柜体水平安放、结合牢固，不得松动。

5.13

铺贴壁纸

1. 工序介绍

1) 适用范围

客厅、餐厅、卧室、走道的墙面铺贴壁纸。

2）施工材料

基膜、胶粉、壁纸。

3）作业条件

（1）墙面批刮墙衬、打磨完成，不贴壁纸墙面的涂料已完成。

（2）墙面无杂物、污染。

（3）橱柜台面、窗台板已安装完成。

（4）客厅、餐厅地砖已铺贴完成。

2. 工艺

（1）基层清理。

（2）刷封闭基膜。

（3）刷粘结胶浆。

（4）铺贴壁纸。

3. 工法

（1）若现场已铺完木地板，必须要穿鞋套进场施工。木梯脚要包软膜，铝合金梯子腿要有橡胶保护套，避免损伤地板。

（2）主材、辅料、工具摆放前，需对地面铺地膜保护，不得靠墙体摆放，避免对墙体、门等部位造成破坏。

（3）基层清理：使用干净扫把或毛巾将墙体表面清理干净。

（4）涂刷基膜：使用短羊毛滚筒铺贴墙面进行整体，涂刷需均匀，不得出现漏刷，根据各地气温情况，基膜中可以适当地加清水稀释，但最大稀释比例不得超过 30%。

（5）测量墙面高度，合理裁切壁纸长度，壁纸长度为石膏线下沿至地面 30~50mm 处，避免出现踢脚线上沿与壁纸底沿有缝隙。

（6）胶粉调制：根据辅料使用说明中的要求进行胶粉调制，上胶方式采用机械上胶和墙面上胶，保证墙纸涂胶均匀。无纺纸壁纸施工时，杜绝采用纸面上胶。

（7）检查壁纸：上胶过程需对墙纸认真检查，及时发现表面的污染、破损等问题，避免有问题的墙纸上墙。

（8）壁纸从墙面一侧向另一侧整幅铺贴，自上而下，用刮板刮平刮均。若有不包套的阳角，禁止在此阳角处壁纸接缝。壁纸缝隙控制得当，避免出现大小缝隙。

（9）检查上墙后的壁纸：及时查找已铺贴壁纸的问题，如色差、对接缝隙等常见问题。若色差明显应及时停止铺贴，汇报上级确定解决方案。

 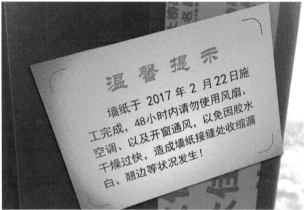

4. 工具

刷子、辊子、搅拌桶、滚胶机、壁纸刀、卷尺、钢尺、保护膜、梯子、鞋套。

5. 工种

壁纸工。

6. 质量标准

铺贴壁纸检查项目、质量标准和检验方法如下：

序号	检查项目	质量标准	检验方法
1	壁纸表面	无褶皱、无破损、无污染、无起包，接缝平齐、均匀、不明显	观察
2	颜色	无色差	观察
3	上、下接口	平齐、无露缝	观察

7. 注意事项

（1）施工完毕将垃圾清理干净并带离现场。

（2）施工完成后需自然干燥，48h 内禁开窗、开风扇、空调，否则会因干燥过快，造成墙纸接缝收缩露底问题。

5.14

安装水电
设备

5.14.1 安装灯具、开关、插座

1. 工序介绍

1）适用范围

室内灯具、普通开关、零火智能开关、电源插座的联结安装。

2）施工材料

各种开关、插座、验电器、WAGO 接线端子、马桶、花洒、浴巾架、毛巾杆、置物架。

3）作业条件

（1）强弱电线和上下水管改造完成，且检测合格。

（2）除水电安装外，基础装修基本完成。

2. 工艺

（1）安装插座。

（2）安装开关。

（3）安装灯具。

（4）通电试验。

3. 工法

（1）清理接线盒：接线盒内不允许有水泥块、腻子块、灰尘等杂物。清理时注意检查接线盒安装位置，如有错误及时改正。

（2）接线、安装：

① 盒内导线留出维修长度后剪除余线，用剥线钳剥出适宜长度，接线盒内预留导线长度从管口起计应不小于150mm。注意区分相线、零线及保护地线，不得混乱。

② 安装普通开关：火线（相线）应先接开关，从开关引出的火线应接在灯中心的端子上。单开单控开关，后面有两个触点，把火线接在 L 上，零线接在 N 上。单开双控开关，后面有三个触点，把火线接在一个双控开关的 L 上，零线接在另一个双控开关的 L 上。把两个 L1、L2 分别用电线连起来。

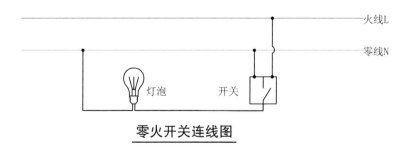

零火开关连线图

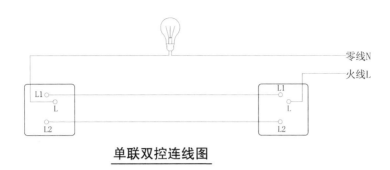

单联双控连线图

③ 安装智能零火开关：需要引一根蓝色线（零线）到开关位置。智能开关分单键和双键两种，红色（火线）接到输入端 L 孔，蓝色（零线）接到输入端 N 孔，白色（控制线）接到 L1 孔和 L2 孔，L1 和 L2 所接电灯分别由开关左键和右键控制，如下图：

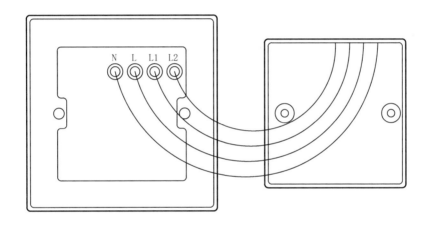

安装好面板后通电测试，蓝色状态指示灯闪烁一下，表示正常通电。按下外壳按键，红色状态指示灯会持续慢闪，表示开关正常但还没有入网。安装工测试到此即可。

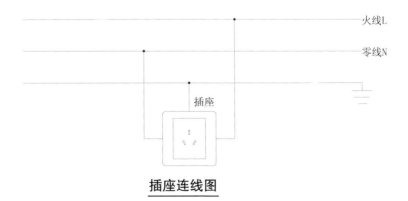

插座连线图

④ 安装插座：三孔插座连线为蓝线（零线）在左，红线（相线）在右，黄绿线（地线）在上。二孔插座连线为蓝线在左或下，红线在右或上。三相五孔插座的接地或接零接在上孔。插座的接地端子不应与零线端子连接。同一场所的三相插座，接线的相序必须一致。接地线不可串联，必须一点接地。空调、电热水器应使用 16A 三孔插座。厨房台面操作墙面配置带开关的五孔插座，厨房、卫生间插座在指定位置的插座要安装防水盒（厨房洗菜盆底下、马桶侧下、电热水器下、洗衣机上、浴室柜旁）。

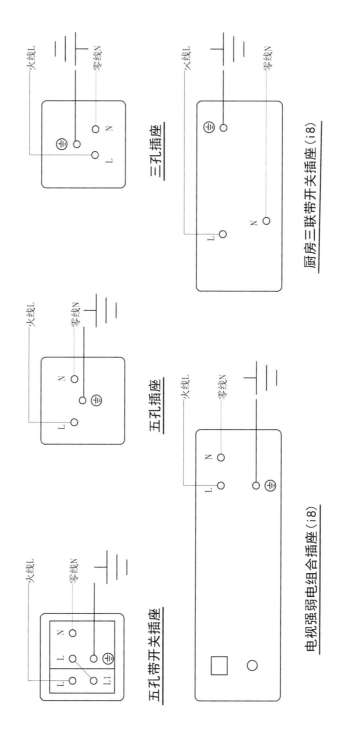

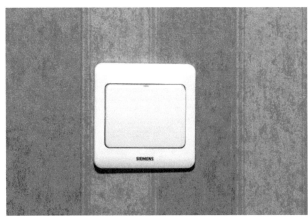

　　⑤ 所有的电源插座必须通过漏电保护器连接。插座面板紧贴墙面，四周无缝隙，安装牢固，手扳无晃动，表面光滑整洁，无碎裂，划伤，盖板齐全。

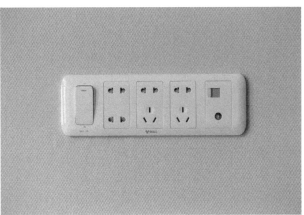

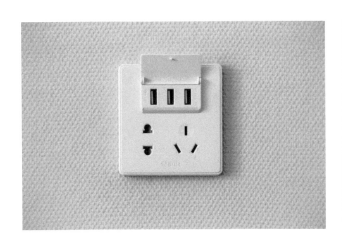

⑥ 强、弱配电箱安装：明暗配电箱体应固定牢靠，配电箱装完后应横平竖直，配电箱内导线截面应满足负载要求，箱内必须有明显的零线、地线、相线接线汇流排，箱要做二次接地处理。配电箱内导线预留长度应达到箱周长的 1/2。强配电箱内全部回路应标记清晰，安装高度不得低于 1600mm。弱电箱安装高度一般为离地 350~450mm。

（3）检查灯具：根据所用灯具进行全面检查，灯具规格、型号无误，质量、外观无破损，配件齐全。

（4）组装灯具：根据灯具所带的组装说明书进行有步骤地组装，对所组装完毕的灯具要进行试电，无问题时再做安装，防止连接不当重复安装。

（5）安装灯具：安装小型筒灯、吸顶灯或小型花灯不用预埋吊件，接电源线使用与线径相附的接线端子。多个相同的灯具安装在一个饰面上时必须横、竖在同一直线上。中大型花灯预埋件承重应是灯具重量的 2 倍以上。

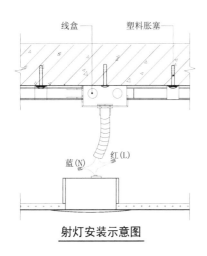

射灯安装示意图

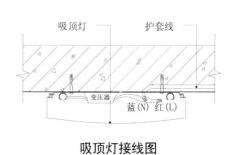

吸顶灯接线图

（6）安装浴霸：

① 安装风暖浴霸位置应适当偏离沐浴正上方，在三角龙骨上架上安装支架。

② 安装支架组合部件有万能安装条、调节块、螺杆、螺母、磁垫。

③ 逆时针方向松开安装支架两头的螺丝，将安装支架两头的钩子勾住三角龙骨，保证其顺三角龙骨方向滑动。

④ 将浴霸箱体一边的两个孔对准安装支架"U"形调节块的孔，螺丝穿过箱体拧在调节块上，同样安装好其他一边安装支架，卡上浴霸周边的扣板，卡上面罩卡块。

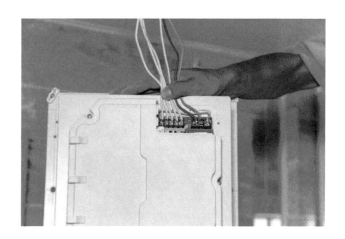

⑤ 浴霸连接必须按照说明书的方式进行。分清线色、规格，要求连接牢固、结实。

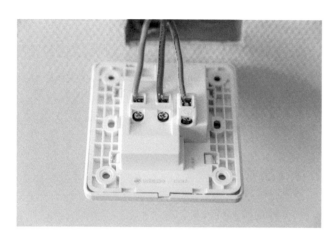 

（7）通电试验：对连接好的用电设备进行通电试运行，对线路连接进行检测。

4. 工具

电钻、电锤、克丝钳、尖嘴钳、剥线钳、一字改锥、十字改锥、电笔、梯子、卷尺、万用表、相位检测插头、水平尺。

5. 工种

水电安装工。

6. 质量标准

（1）安装灯具开关插座检查项目、质量标准和检验方法如下：

序号	检查项目	质量标准	检验方法
1	并列面板标高	0.5mm	用水平尺检查
2	并列面板间隙	2mm	用盒尺检查
3	同房间同标高面板	2mm	用红外水平仪检查
4	面板连接	垂直、紧贴、牢固	观察、手拉
5	开关方向	向下开，向上关，一致	观察、开关
6	灯具	干净、照明正常	观察
7	内嵌灯	四周无缝隙、横平竖直	观察、用盒尺检查

（2）配电箱安装牢靠，配线整齐无铰接，导线与开关连接牢固无虚接，设置零线（N）和保护线（PE）汇流排，零线和保护线经汇流排配出。箱内开关动作灵活可靠，带漏电保护装置动作电流不大于 30mA，动作时间不大于 0.1s 。开关与导线和负载相匹配。回路编号齐全，标识正确。

7. 注意事项

（1）厨房、卫生间的指定位置的开关插座面板使用防溅保护盒。

（2）弱电箱内要安装一个五孔插座。

（3）吊灯安装高度要考虑人高与灯高的关系，应避免影响人的正常行走。

（4）灯具在潮湿的环境要有防水防溅保护盖。

（5）开关位置不允许放在门背后。

（6）智能开关不适用可独立关断的智能灯泡和双控电路，安装智能开关前必须先关闭电箱总闸。

5.14.2 安装卫浴产品

1. 工序介绍

1）适用范围

卫浴产品安装，如马桶、智能马桶盖、花洒、五金件。

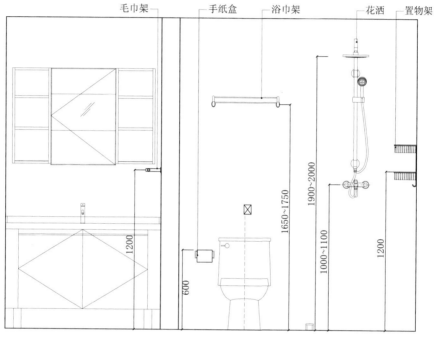

卫生间五金定位原则图

2）施工材料

马桶及配件、智能马桶盖及配件、花洒、五金件（浴巾架、毛巾杆、置物架、厕纸架）。

3）作业条件

（1）墙面、地面、吊顶面层施工完毕。

（2）给水点位、排水口的位置、尺寸符合产品要求。

（3）浴室柜及台面安装完毕。

2. 工艺

（1）安装马桶。

（2）安装花洒。

（3）安装水龙头。

（4）安装五金件。

3. 工法

（1）开箱验货：打开包装，对马桶、花洒、水龙头、五金件外观验收，确认无瑕疵、无损伤、无色差的前提下才能安装。根据说明检查配件是否齐全。马桶坑距是否与现场相符。

（2）清理：先对马桶排污管进行检查，看管道内是否有泥砂杂物堵塞，保证排水管畅通。马桶安装区域的地面、排水口、马桶底部排污口先用抹灰擦拭干净。

（3）测平：检查马桶安装的地面前后、左右是否水平，若地面不平，在安装马桶时可以用塑料垫片将地面调平。若排水管高于地面，需要切掉排水管，宜高于地砖 2~5mm。在地砖上和马桶底部分别画十字线确定排水口的中心位置，便于安装准确。

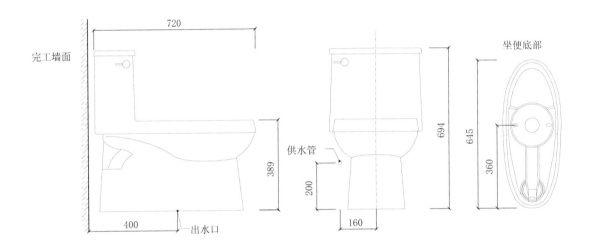

（4）安装弯管、密封圈：先将法兰密封圈安装在弯管出水口上，要求连接紧密。画出弯管固定点位置，在固定点处打孔，再把弯管安装在地面下水管口上，要求下水口中心对齐。最后用尼龙胀栓锚固结实。弯管与地面的固定方式也可以采用打胶固定。要求弯管盘底部满打密封胶，与地面连接牢固。

（5）安装马桶：将马桶小心搬起，使马桶后端排水口对准弯管上接口缓缓向下放置。马桶底沿应全部落在地砖表面，确保马桶与地砖结合紧密、平稳。

（6）安装调试水箱配件并检查有无渗漏：先放给水 3 分钟左右冲洗管道，确保自来水干净。再安装角阀和金属软管连接，然后将软管与安装的水箱配件进水阀连接并接通给水，检查进水阀进水及密封是否正常，冲水键安装位置是否灵活有无卡阻及渗漏，有无漏装进水阀过滤装置。要确保冲水键灵活，连接无渗漏。调整水封到适宜位置。

（7）马桶安装完成后，必须进行首次进水的确认。观察止水位置是否与水箱内壁上的水位线相吻合。如果出现不吻合的情况，调节进水阀的高度，直到相吻合为止。

（8）冲水试验：最后试验马桶的排污效果，将水箱内上满水，按压马桶冲水，如果水流旋涡很急并且冲得很快，说明下水通畅，反之，要检查是否有堵塞情况。

（9）打胶：冲水试验完成且无问题后，在马桶与地砖相交处打白色中性防霉密封胶，要求填充密实、均匀、美观。

（10）安装智能马桶盖：

① 按照马桶固定孔的位置，把马桶盖连接固定在马桶上，要求连接牢固且上下对齐。

② 在马桶角阀处连接配套三通，三通一端用金属软管连接水箱入水接口，另一端用金属软管连接马桶盖入水接口，要求连接紧密、无渗漏。

③ 接通电源，测试马桶盖各使用功能，确认各功能正常使用。

（11）安装花洒：

① 先拧开冷热出水口的堵头，分别安装"S"形接头，调节至合适的方向和位置，保证中心间距 150mm，用水平尺测量接头水平后，再与花洒混水器龙头连接，接头要缠生胶带，不宜少于 20 圈。然后将装饰盖板套装在接头上。

② 先安装好滤网及密封垫片，再把花洒混水器接口对准出水接头分别拧紧。

③ 根据现场情况确定固定座高度，在固定点上先画线，用电钻打安装孔，再用配套的尼龙胀塞把固定座安装在墙上。打孔前必须确认打孔位置无暗埋管线。

④ 将淋浴弯杆插入直杆中，用六角扳手锁紧弯杆上的六角丝。把连好的淋浴杆调至合适高度，把淋浴杆与固定座连接紧固，调整好淋浴杆与墙体距离和平行。把顶喷与弯杆拧固连接。头部花洒的高度宜为 2m。

⑤ 将不锈钢软管的一端旋接于切换阀下部的进水接头，另一端旋接于混水器下部的出水接头。将手持花洒与花洒软管连接，并将软管另一端接在切换阀的出水接头上，再将手持花洒安在滑座上。手持花洒的高度通常是 1.5~1.7m，可业主身高做适应调整。

⑥ 通水试验，分别旋转切换阀，切到手持花洒、顶喷、下出水龙头放水试水，保证出水正常、接口无渗漏。

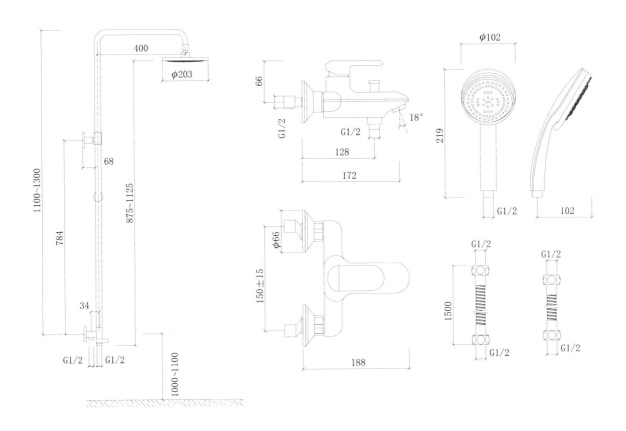

（12）安装水龙头：

① 将软管安装在龙头上：首先将龙头软管伸入水龙头安装口，用手拧紧。试着拉一下，看是否连接牢固。然后将需要在固定前组装的其他固件固定到水龙头上。

② 固定水龙头：将螺丝杆连接到水龙头接口处，再将胶圈套上水龙头，然后将水龙头伸入台盆，加上胶垫和垫片，最后用扳手将螺丝固定住。水龙头与台盆连接紧密，无松动。

③ 连接进水口：将软管另一头和进水管的角阀接口连接，连接紧密，无渗漏。左侧为热水管，右边为冷水管。

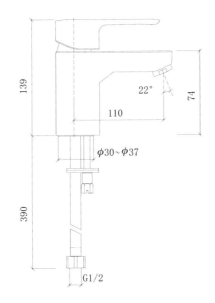

（13）安装下水口：先将下水的固定件和法兰卸下，然后在下水的溢水口下沿缠生胶带 10~20 圈。把下水插入洗脸盆的下水口中，把法兰涂上防霉密封胶粘在盆底，要求对齐中心，用扳子将固定件拧紧，要求牢固，无渗漏。提拉杆通过连接片与水平制动杆连好，水平制动杆与下水连接口拧紧牢固。提拉、下压顺畅，提拉杆高度适当，下水口严密。

（14）安装下水管：

① 拧开下水管上端的螺母，将螺母和密封圈按顺序套入下水器管上，注意密封圈的方向，细小端向下。

② 将下水管主体套入下水器管上，与密封圈完全重合，要将密封圈压平整。

③ 握住下水管主体，将螺母顺时针用力旋转拧紧即可。

④ 将密封塞从下水管上取出，插入地面排水管中。

⑤ 在把下水管末端插入密封塞里，盖上装饰盖，并用力压紧。

⑥ 如果有足够的空间，可以把下水管做成"S"形弯结构，并用固定环固定，安装完成后要做试水检查。

（15）安装五金件：

    ① 按样板间的五金件位置安装，但事先要与客户确认，客户若有不同要求，沟通确认。

    ② 先在固定点上画线，用电钻打孔，安装尼龙胀塞，拧紧螺丝钉，安好装饰盖板。要保证安装牢固、平稳。

（16）马桶、淋浴花洒、水龙头、下水口安装完成后要进行放水和排水试验。

4. 工具

电钻、可调节扳手、一字改锥、十字改锥、盒尺、梯子。

5. 工种

水电安装工。

6. 质量标准

（1）马桶、马桶盖外观完整、无损伤、无色差。

（2）马桶牢固、平稳、冲水灵活、排水通畅。

（3）智能马桶盖各功能正常。

（4）花洒、五金件安装牢固，花洒出水、切换正常。

（5）连接部位牢固、密实、无渗漏。

（6）五金件水平误差不大于 1mm。

7. 注意事项

（1）安装法兰密封圈要与马桶底部排水口位置连接严密，防止返味。

（2）花洒固定座的高度应考虑业主身高。

（3）安装五金件前，需要提前再与业主确认具体安装位置。

5.15

铺装地板

1. 工序介绍

1）适用范围

客厅、餐厅、卧室地面铺装木地板。

2）施工准备

（1）材料准备

木地板、踢脚线、压条、防潮垫、钢钉、双面胶、密封胶、结构胶、万能胶。

（2）机具准备

湿度测试仪、无尘锯、转向锯、工具箱、盒尺、钢尺。

3）安装条件

（1）地面水泥砂浆找平层完成，表面无开裂、空鼓、起砂。

（2）地面平整度误差 ≤ 3mm/2m，含水率不超过 12%。

（3）墙顶面涂料完成。

（4）橱柜、浴室柜、台面、电器、内门已完成。

（5）基层清理干净，无杂物。

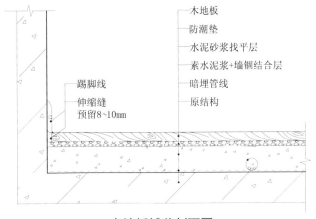

木地板铺装剖面图

2. 工艺

（1）铺设地垫。

（2）铺设地板。

（3）安装弹簧片。

（4）安装踢脚线。

（5）修补打胶。

（6）安装扣条。

3. 工法

1）现场清理

（1）进场后首先对安装地板空间进行垃圾清理干净，确保地面无杂物、浮土。

（2）暖气片、管道、死角、地面凸处应铲平。

（3）把垃圾清收到垃圾袋内方便带到楼下指定地点。

2）现场检查

（1）测量干燥度：地面应干燥，含水率应小于 12%，达到含水率要求时才能施工。

（2）测量地面平整度，用 2m 靠尺检测地面，靠尺与地面最大弦高≤3mm。

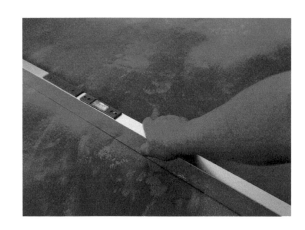

3）铺设地垫

（1）地垫铺设不得重叠，拼接口应用胶带粘接严密。

（2）地垫边缘与墙面处应向上翻起 50mm。

4）铺设地板

（1）安装方向：从里向外，地板铺设方向严格按房间进深（长向）逐排铺装。凹槽向墙，地板与墙之间放入木楔，保证伸缩缝隙为 8~10mm。

（2）遇到管道、异形处进行切割安装，保证随形而装，管道处应装有装饰盖板。

5）安装弹簧片（强化木地板无需安装）

（1）门口相交处的木地板留伸缩缝隙 8~10mm。

（2）房间四周伸缩缝隙内加弹簧片，每间距 1000~1200mm 处增加一个弹簧伸缩片。

6）安装踢脚线

（1）把超出地面的地垫裁切成距地板 20mm 高度。

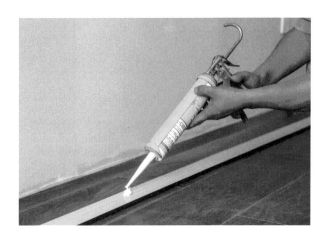 

（2）阴阳角拼接处裁切成 45° 拼接。

（3）打钢钉间隔 1000mm 进行加固。

7）修补打胶

（1）对钢钉处、拼接处用专用修补液进行修补。

（2）在踢脚线的上沿与墙面的结合缝隙处进行打胶封闭，注意打胶均匀。踢脚线与地板结合处不打胶，便于空气流通。

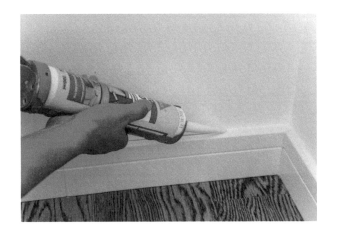

8）安装扣条

（1）在房间、通道间接口连接处，地板需做断开处理，用地板压条衔接。

（2）把安装扣条处清理干净，用专用胶打在扣条上粘结，扣条安装要平整，上面放置物体压制让胶自然凝固。

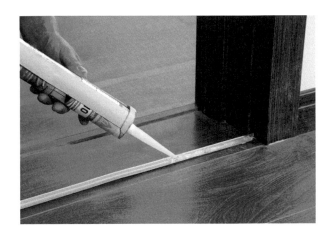
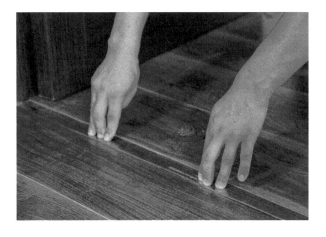

4. 工具

湿度测试仪、无尘锯、转向锯、工具箱、盒尺、钢尺。

5. 工种

地板工。

6. 质量标准

（1）门扇底部与扣条间隙不小于 3mm，门扇应开闭自如。扣条应安装稳固。

（2）地板表面应洁净、牢固、不松动，踩踏无明显异响。

（3）扣条要求平整、牢固，内门关闭后要求扣条隐藏于门下。

（4）踢脚线接口平整严密，无外漏钉孔，与墙体交界处玻璃胶密封整洁，伸缩缝隙均匀整齐内无异物。

（5）木地板铺装检查项目、质量标准、检验方法如下：

序号	检查项目	允许误差（mm）	检验方法
1	表面平整度	3/2m	用靠尺、钢板尺检查
2	相邻板拼装高低差	0.5	用塞尺检查
3	拼装离缝	0.5	用塞尺检查
4	地板与墙及地面固定物的间隙	8~12	用钢板尺检查
5	漆面	无损伤、无明显划痕	目测
6	异响	主要行走区域不明显	走动听响

（6）踢脚板铺装检查项目、质量标准、检验方法如下：

序号	检查项目	允许误差（mm）	检验方法
1	与门框的间隙	2	用钢板尺检查
2	与地板表面的间隙	3	用塞尺
3	同一面墙踢脚板上沿直度	3	红外水准仪、钢板尺检查
4	接缝高低差	1	用钢板尺检查
5	接缝隙宽度	1	用塞尺检查
6	接缝直线度	2	用钢板尺检查
7	与墙体连接	牢固	手拉

7. 注意事项

（1）施工前现场卫生清理，清除杂物，灰尘。

（2）及时清理锯末垃圾，严禁锯屑和烟尘满天飞。

（3）地板铺完后，清理表面污渍，保证洁净、无磕碰、无划伤。

5.16

开荒保洁

1. 工序介绍

1）适用范围

新房、老房室内装修完成后的第一次全方位的清理、保洁。

2）施工材料

清洗剂、除胶剂、抹布、洁厕灵、垃圾袋。

3）施工条件

（1）基础装修完成。

（2）主材、产品安装完成。

（3）室内垃圾、杂物已基本清离现场。

（4）现场无施工人员出入。

4）清理顺序原则

以房间为单位，由内向外、由上向下、由难到易。

2. 工艺

（1）清理保护。

（2）地面清扫。

（3）吸尘。

（4）擦拭。

3. 工法

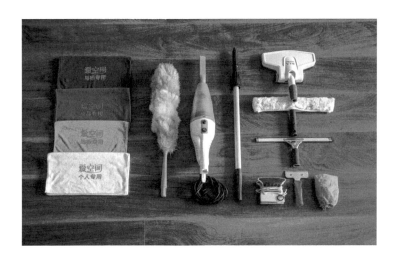

1）清理保护

把电梯间、施工层、户门、地面、窗户的保护膜，设备保护罩、警示贴等清除干净。

2）地面清扫

把地面灰尘从里到外，每个房间全部清扫一遍。

3）吸尘

（1）用吸尘器按房间从上往下依次吸尘，包括窗户、窗户缝、窗台、门、橱柜、浴室柜台面、吊柜、地柜的柜体里、地面。

（2）墙面、顶面要用掸子全部把浮尘轻轻地清除一遍。

4）擦拭

（1）擦玻璃：先用湿抹布把玻璃框擦拭干净，再用涂水器沾稀释后的玻璃水溶液，均匀地从上到下涂抹玻璃，重复以上操作后用刮子从上到下刮干净，用干抹布擦净框上留下的水痕，玻璃上水痕可用报纸擦拭干净。

（2）户门、室内门里外侧、窗台板、橱柜、浴室柜台面、柜体里外、门板、厨卫铝扣板、开关面板、灯具、卫浴五金均要用干净的湿抹布清理 1~2 遍，最后用干抹布擦拭 1 遍，地面用墩布清理 1~2 遍。

（3）玻璃上、台面上、墙地砖上、踢脚线上若有涂料、胶、水泥点等顽固的污垢用抹布很难清除，可使用铲刀、壁纸刀清除、根据实际情况可结合使用除胶剂、稀料等专用药剂处理。但对油漆饰面要禁止使用化学药剂，以免腐蚀表面。

4. 工具

吸尘器、扫把、拖把、水桶、水盆、玻璃刮板、玻璃铲刀、刀片、钢丝球、梯子、掸子。

5. 工种

保洁工。

6. 质量标准

（1）地面：无垃圾、无污渍、无积水、无死角、光亮，无损伤。

（2）墙顶面：无浮尘、无污渍。

（3）窗框、玻璃：干净，无浮尘、无污渍；推拉轨道、玻璃槽无灰尘。

(4) 卫生间：马桶、花洒、水龙头、五金件洁净、无污渍；洁具无异味。

(5) 厨房：水龙头、橱柜、抽油烟机、灶台、台面洁净、无污渍。

(6) 门及门套：无灰尘、无污渍。

7. 注意事项

(1) 木地板、五金件上的污染物严禁用壁纸刀、钢丝球清理，以免损伤其表面。

(2) 保洁中清除的固体物严禁倒入下水道，应放置垃圾袋中。

(3) 严禁用有腐蚀的化学药剂清理油漆表面，如户门、窗框等，以免损伤其表面。

6 特殊天气注意事项

1. 冬季施工注意事项

（1）水泥类、涂料类、胶类、防水类、木材类材料施工，现场环境温度宜在 10℃以上，不应低于 5℃。

（2）对不具备集中供暖条件的项目，可以配置电暖气供暖，但需要事先与业主沟通确认。供暖设备必须要保证用电安全。

（3）室内过度干燥或潮湿都会影响装修质量，应当适度通风，中午前后可安排开窗通风 2~3h。若大风、雨雪天气严禁通风。

（4）严禁使用电炉子、煤气炉、碘钨灯等不符合安全要求的取暖设备。

（5）室内湿度应控制在 40%~70%，湿度大时可适当开窗通风。湿度小时，可适当洒水。

（6）披刮粉刷石膏、腻子等膏粉类材料时，室内通风不宜过大，自然风干最好。

（7）木制品应在有采暖设备的室内放置 2~3 天，让木材的含水率接近居室内部的水平，以免装修后出现变形。

（8）水泥、砂子不能有冰块及杂物。养护时间应延长 2~3 天。

（9）瓷砖应在室内放置 1~2 天后再铺贴。

2. 回南天、桑拿天施工注意事项

（1）回南天、桑拿天空气中湿度很大，甚至饱和，导致膏粉类、涂料类材料非常不容易干燥，为了保证工期实现。可以通过增加除湿器、电暖气解决。若采用设备除湿，需要事先与业主沟通确认。若回南天不采取任何除湿措施，工期应适当顺延。

（2）若使用了除湿器、电暖气等设备，外窗应保持关闭，避免室外潮气不断进入室内，中午天气好时，可适当开窗通风，早晚湿度更大，严禁开窗。

7 室内环境污染控制

（1）装修设计时，对室内环境污染物的含量宜进行预先评估。

（2）装饰装修的主要材料必须符合住建部与国家质检总局颁布的室内装饰装修材料有害物质限量强制性的国家标准。

（3）对室内环境质量验收应在工程交付使用前进行。

（4）室内密闭 12 小时，环境污染物浓度限量标准如下：

序号	室内空气污染物	浓度限值
1	甲醛（mg/m³）	≤ 0.10
2	苯（mg/m³）	≤ 0.11
3	甲苯、二甲苯（mg/m³）	≤ 0.20
4	氨（mg/m³）	≤ 0.20
5	TVOC（mg/m³）	≤ 0.60

8 结语

本书主要编制依据是《住宅装饰装修工程施工规范》GB50327-2001、《建筑装饰装修工程质量验收规范》GB50210-2001、《建筑地面工程施工质量验收规范》GB50209-2010、《建筑给水排水及采暖工程施工质量验收规范》GB50242-2002、《建筑电气工程施工质量验收规范》GB50303-2015、《室内空气质量标准》GB/T18883-2002、《民用建筑工程室内环境污染控制规范》GB50325-2010、《木质地板铺装、验收和使用规范》GB/T20238-2006、《住宅室内装饰装修工程质量验收规范》JGJ/T304-2013、《住宅室内防水工程技术规范》JGJ298-2013、《家庭居室装饰工程质量验收标准》DBJ/T01-43-2003、《高级建筑装饰工程质量验收标准》DBJ/T01-27-2003。

本书编制的出发点是解决家装施工中存在的常见质量问题。我们通过对诸多问题点的分析、研究及施工经验的提炼，结合使用新技术、新工艺、新材料、新工具，严从规范操作、施工细节入手，逐一解决家装施工顽疾，全力提供健康长效的内在施工品质。

附录　本标准用词说明

为便于理解和准确执行本标准，现对程度用词说明如下：

（1）表示很严格，非这样做不可的用词：正面词采用"必须"；反面词采用"严禁"。

（2）表示严格，在正常情况下均应这样做的用词：正面词采用"应"；反面词采用"不应"或"不得"。

（3）表示允许稍有选择，在条件许可时，首先应这样做的用词：正面词采用"宜"；反面词采用"不宜"。

（4）表示有选择，在一定条件下可以这样做的，采用"可"或"可以"。

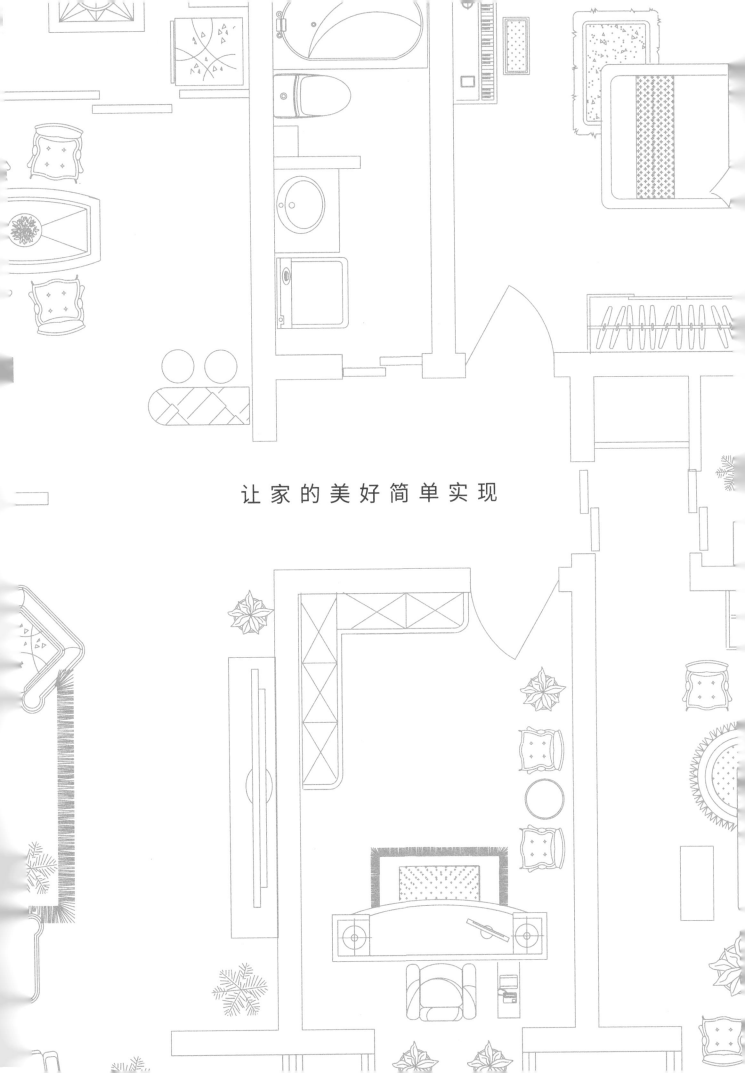

让 家 的 美 好 简 单 实 现

让 家 的 美 好 简 单 实 现